悦食粤美

甘智荣 主编

江苏凤凰科学技术出版社

图书在版编目（CIP）数据

悦食粤美 / 甘智荣主编 . -- 南京 : 江苏凤凰科学技术出版社 , 2018.7

ISBN 978-7-5537-8343-7

Ⅰ . ①悦… Ⅱ . ①甘… Ⅲ . ①粤菜 – 文化 Ⅳ . ① TS971 ② TS972.182.65

中国版本图书馆 CIP 数据核字 (2017) 第 128883 号

悦食粤美

主　　编　甘智荣
责任编辑　倪　敏
责任监制　曹叶平　方　晨

出版发行　江苏凤凰科学技术出版社
出版社地址　南京市湖南路 1 号 A 楼，邮编：210009
出版社网址　http://www.pspress.cn
印　　刷　北京旭丰源印刷技术有限公司

开　　本　718 mm × 1000 mm　1/16
印　　张　13
字　　数　177 000
版　　次　2018 年 7 月第 1 版
印　　次　2021 年 11月第 2 次印刷

标准书号　ISBN 978-7-5537-8343-7
定　　价　39.80 元

因为懂得，所以尊重

在中国，广东是吃货们无比向往的美食天堂。那里的高山、丘陵、平原、林地、江河湖海，为周边的城镇源源不断地输送鲜美食材。当地人也极擅长于就地取材，再根据材料和菜品决定烹饪方法、调味倾向，以取材广博、精工奇巧、创新卓越闻名全国，促成了“吃在广东”的佳话。

粤菜是广东省的地方风味菜，又细分为广州菜、潮州菜和东江菜三个分支，风味相互关联，也各具特色。在老百姓的眼中，大名鼎鼎的粤菜常常与材料新奇、奢侈形影不离，各种山珍海味让人应接不暇。漫步在市井街头，鳞次栉比的酒店、餐馆、大排档让人艳羡不已，大饭店有大饭店的品位、气派，小馆子也有小馆子的亲切、实惠。广东人爱吃，更擅长吃，即便是最简单的食材，烹饪起来也绝不轻率，滋味毫不逊色。

经历一番各类美食的狂轰滥炸后，人们已经很难摸清粤菜的口味倾向，它既有口味清淡的一面，也有鲜香肥美的一面，各种费时、费工的传统制法让人咋舌。资深的老饕在谈及粤菜时，从选料到刀工，再从烹饪技法到调味侧重，总能滔滔不绝地讲上半天，而其中最被大家广泛认同的，便是广东人对食材原味的尊重与执着。

白切鸡是初到广东的人必尝的一道菜式。这道菜以鸡腿骨带微血为准，口感爽滑，醇香味美，极具地方特色。正如李白的那句“清水出芙蓉，天然去雕饰”，有时不加刻意的烹饪调味却有着打动人心的效果。广东人精于烹饪和调味，自然深谙其道。那种天然之味、醇真之味便是食物的主味，虽然也会有淡淡人工调味的痕迹，但却能让品尝者真切地感受到生命的本源。人与食物之间的关系，有时就像一场恋爱，人们渴望纯真，渴望一种完全抛开世俗纷扰的相遇。当繁华褪去，所有的美丽都是最纯粹、最真实的，你触手可及；它会牢牢地印在你的心中，即便多年以后，一个雨后的早晨或是余晖漫天的下午，当你再想起它时，嘴边似乎还留有它的味道。

这本书将为你介绍粤菜文化与相关知识，教会你如何选择、使用多种调味料，如何煲制靓汤，并结合大量实图和烹饪步骤演示向你讲解素食、肉类、禽蛋类、水产海鲜类等多种菜式的烹饪方法和技巧。精选最地道的食材与调味料，你也可以亲手烹饪出心中最赞的味道，即便是身处千里之外，也能携一份美味常在身旁。

阅读导航

菜式名称

每一道菜式都有着它的名字，我们将菜式名称放置在这里，以便于你在阅读时能一眼就找到它。

辅助信息

这里标记着这道菜的烹饪时间、口味、营养功效及适用人群。

美食故事

没有故事的菜是不完整的，我们将这道菜的所选食材、产地、调味，以及相关的历史、地理、饮食文化等留在这里，用最真实的文字和体验告诉你这道菜的魅力所在。

材料与调料

在这里，你能查找到烹制这道菜所需的所有材料和调料的名称、用量以及它们最初的样子。

菜品实图

这里将如实地为你呈现一道菜烹制完成后的最终形态。菜的样式是否悦目，是否会勾起你的食欲，你的眼睛不会说谎。此外，你也可以通过对照图片来检验自己动手烹制的菜品是否符合规范和要求。

椒盐茄盒

3分钟　降低血脂
咸香　老年人

茄盒是餐桌上常见的一道菜，由茄子切成茄夹，塞以肉馅，外面裹上面糊炸制而成。炸好的茄盒外酥里软，一口咬下去，肉的鲜香和茄子的清香瞬间在舌尖绽放，让你体会到丰富的层次感。椒盐的加入使其味道更佳，越嚼越香，让你欲罢不能。唯有亲口品尝才知其中的美妙！

材料		调料	
肉末	150克	淀粉	适量
茄子	100克	料酒	3毫升
鸡蛋	1个	味精	1克
红椒末	10克	食用油	适量
蒜末	5克	椒盐	适量
葱花	5克		
洋葱末	10克		

42 悦食粤美

步骤演示

你将看到烹制整道菜的全程实图及具体操作每一步的文字要点，它将引导你将最初的食材烹制成美味的食物，完整无遗漏，文字讲解更实用、更简练。

食材处理

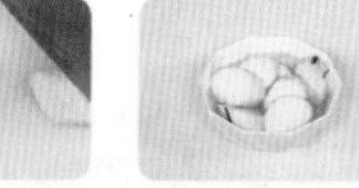

❶ 将去皮洗净的茄子切双飞片。

❷ 放入清水中浸泡备用。

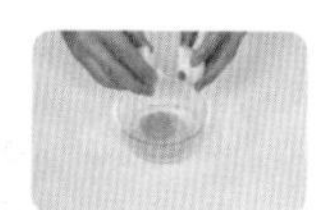

❸ 将鸡蛋打入碗内，搅散。

❹ 加少许淀粉调匀。

❺ 茄子撒上淀粉，刀口处塞满肉末。

❻ 将酿好的茄片裹上蛋液，再用淀粉裹匀。

❼ 热锅注油，烧至五成热时，放入酿好的茄子。

❽ 炸约2分钟捞出。

做法演示

❶ 锅中加入油、红椒、蒜、洋葱、椒盐炒香。

❷ 加料酒、味精、葱花、茄子炒匀。

❸ 盛出装盘即可。

小贴士

✪ 鸡蛋最好在冰箱内保存，把鸡蛋的大头朝上，小头朝下放，这样可以延长鸡蛋的保存时间。

食物相宜

顺肠通气

茄子

＋

黄豆

预防心血管疾病

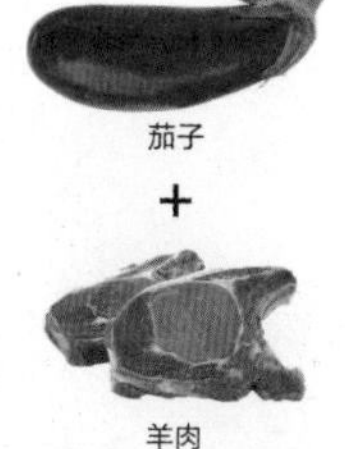

茄子

＋

羊肉

养生常识

★ 茄子中含有较多的钾，可调节血压及心脏功能，预防心脏病和中风。

第2章 清香素食，以本味先行 43

食物相宜

结合实图为你列举这道菜中的某些食材与其他哪些食材搭配效果更好，以及它们搭配所具有的营养功效。

小贴士 & 养生常识

在烹制菜肴的过程中，一些烹饪上的技术要点能帮助你一次就上手，一气呵成，零失败，细数烹饪实战小窍门，绝不留私。此外，了解必要的养生常识，也能让你的饮食生活更合理、更健康。

第1章
食在广东，以粤菜为先

粤菜文化 14

用好调料菜自鲜 16

制作广东靓汤有诀窍 19

蒸出来的美味 20

锁住肉类营养，烹调有秘诀 21

第2章
清香素食，以本味先行

白灼菠菜 24

白灼茼蒿 26

葱油芥蓝 28

蚝油圆生菜 30

木耳酸笋拌黄瓜 32

洋葱炒黄豆芽 34

南瓜炒百合 36

西芹炒百合 38

百合扣金瓜 40

椒盐茄盒 42

鲍汁铁板酿茄子 44

乳香藕片 46

蜜汁南瓜 48

南瓜炒蟹柳 50

梅菜炒苦瓜 52

椒盐玉米 54

茄汁年糕 56

小白菜炒平菇 58

菌菇油麦菜 60

三鲜莲蓬豆腐 62

翡翠豆腐 64

金针菇日本豆腐 66

第 3 章

浓香畜肉，色诱的味道

雪里蕻肉末 70

榄菜肉末蒸豆腐 72

煎酿三宝 74

年糕炒腊肉 76

白菜梗炒香肠 78

豆香排骨 80

菠萝苦瓜排骨汤 82

咸菜肥肠 84

西芹炒猪心 86

猪肺炒山药 88

猪肺菜干汤 90

芥蓝炒牛肉 92

苦瓜炒牛肉 94

咖喱牛肉 96

牛肉娃娃菜 98

豆角炒牛肚 100

浓汤香菇煨牛丸 102

第 4 章

美味禽蛋，食补之佳肴

咖喱鸡块 106

鸡蓉酿苦瓜 108

菠萝鸡丁 110

南瓜蒸滑鸡 112

荷叶鸡 114

水晶鸡 116

奇味鸡煲 118

豉酱蒸凤爪 120

虫草花鸡汤 122

药膳乌鸡汤 124

白萝卜竹荪水鸭汤 126

沙参玉竹老鸭汤 128

乳鸽煲 130

蛋丝银牙 132

苦瓜酿咸蛋 134

豆浆蟹柳蒸水蛋 136

第 5 章

鲜嫩水产海鲜，粤菜之家常

豆豉小葱蒸鲫鱼 140

椒盐带鱼 142

麒麟生鱼片 144

吉利百花卷 146

菠萝鱼片 148

豆豉鲮鱼炒苦瓜 150

生鱼骨汤 152

天麻鱼头汤 154

芹菜炒墨鱼 156

孜然鱿鱼 158

锅仔鲈鱼煮萝卜 160

鲜虾白果炒百合 162

白灼基围虾 164

虾仁莴笋 166

鲜虾蒸豆腐 168

豉油皇焗虾 170

茄汁虾丸 172

韭黄炒虾仁 174

鲜虾烩冬蓉 176

蒜蓉虾仁娃娃菜 178

蒜蓉粉丝蒸扇贝 180

花蛤苦瓜汤 182

附录 1

常见食材的选购技巧、厨房窍门 184

附录 2

粤菜干货涨发技法 198

附录 3

选一口好锅，做一手好菜 206

第1章

食在广东，以粤菜为先

粤菜是我国八大菜系之一，其选料广博，制作精细，极为看重质与味的呈现，尤其擅长于在模仿中创新，吸取国内外不同烹饪技法的精华，菜式富于变化，口味上讲究清中求鲜、淡中求美。本章将为你介绍给粤菜调味增鲜的多种调料，以及广东靓汤的煲制诀窍等基础烹饪知识，让你在厨房实践中更加得心应手、如虎添翼。

粤菜文化

粤菜，即广东地方风味菜，它以特有的菜式和韵味，独树一帜，在国内外享有盛誉。粤菜烹饪技术之精妙，菜式之纷繁多样，味道之鲜美，色、香、味、形整体设计之完美，都可谓首屈一指。

粤菜的形成

广东省地处我国南端沿海，境内高山平原鳞次栉比，江河湖泊纵横交错，气候温和，雨量充沛，气候宜人。其西面、东面和北面丘陵环绕、林丰草茂，岭南佳果丰富，飞禽走兽亦多；南面临海，滩涂辽阔，出产不少咸淡水产和两栖类动物。广州又是历史悠久的通商口岸城市， 吸取了外来的各种烹饪原料和烹饪技艺，使粤菜日渐完善。加之旅居海外华侨将欧美、东南亚的烹调技术传回家乡，丰富了广东菜谱的内容，使粤菜在烹调技艺上留下了鲜明的西式烹饪的痕迹。

粤菜的组成

粤菜由广州菜、潮州菜和东江菜所组成。三个地方菜的风味互相关联，也各具特色。

◆ 广州菜

广州菜包括珠江三角洲和肇庆、韶关、湛江等地的名食。广州菜取料广泛，品种花样繁多，天上飞的，地上爬的，水中游的，几乎都能上席。广州菜用量精而细，配料多而巧，善于变化。风味讲究清而不淡，鲜而不俗，嫩而不生，油而不腻。随季节时令的变化，广州菜在口味上也有所偏重，夏秋偏重清淡，冬春偏重浓郁。广州菜擅长小炒，要求掌握火候和油温。

◆ 潮州菜

潮州府故属闽地，其语言和习俗与闽南相近。隶属广东省之后，又受珠江三角洲的影响，故潮州菜兼包闽、粤，汇两家之长，自成一派。潮州菜以烹调海鲜见长，刀工技术讲究，口味偏重于香、浓、鲜、甜。喜用鱼露、沙茶酱、梅膏酱、姜酒等调料，甜菜较多，款式百种以上，都是粗料细作，香甜可口。

◆ 东江菜

东江菜又称客家菜。客家人原是中原人，在汉末和北宋后期因避战乱南迁，聚居在广东东江一带，其语言、风俗尚保留中原固有的风貌。由于客家人居住地区大都是远离海洋的内陆，与中原地区的自然环境比较相似，故客家菜肴保留有中原菜肴风味，以油重味浓、高热量、高蛋白菜肴为特点。

东江菜以惠州菜为代表，菜品用料以肉类为主，水产品较少；突出主料，原汁原味，讲求酥软香浓；注重火候，以炖、烤、煲、酿见长，尤以砂锅菜闻名；造型古朴，乡土风貌明显。

粤菜的特点

粤菜具有独特的南国风味，并以选料广博、菜肴新颖奇异而著称于世。粤菜用量精而细，配料多而巧，装饰美而艳，而且善于在模仿中创新，品种繁多。粤菜源于中国传统文化，但与中原饮食或其他菜系相比，其传统饮食文化的沉淀不如中原及其他地区浑厚。粤菜长期受海外文化的影响和滋润，看重传承，又不固守于传统，在统一中显出灵活、清新和年轻，是我国饮食体系中最富于改革和创新的角色。它吸取西餐面点和海外饮食中的许多优点，重视积极借鉴、吸纳外来饮食文化的先进方面，进而融会贯通于民族饮食文化之中。

粤菜的创新

谈起各地菜肴，人们会想起川菜的辣、北方菜的厚重、粤菜的清淡。而粤菜最可贵的特质——创新，也不应该被遗忘。因为广东的食客爱追新，爱猎奇，对饮食颇为讲究。如此，要满足广东人的胃口，厨师们必须不断创新，粤菜的屹立不倒，其动力恰恰在于创新。

最初粤菜依托丰富鲜美的原料为基础，在形与色上追求审美趣味的创新，一扫传统“老八样”的陈旧之态，令食客耳目一新，精神一振，继而风靡全国。其次，以味与器的结合为主的创新给了粤菜更加广阔的空间。在味的创新上，调料的进步起了很大推动作用，从单一味变成复合味，如 XO 酱、金沙酱等。厨师凭借多年粤菜烹调的经验，推陈出新，使粤菜风味跨越发展了一大步。与此同时，器皿从单一色和普通宴席餐具变为从审美角度因菜配器，使色、味、形、器相得益彰，深化了粤菜的文化内涵。

广东食客最会吃

随着时代的发展，广东人对饮食的要求已不光停留在过去那种“抵食夹大件”的要求上了，而是追求新鲜、天然、无污染等；在烹调方面，希望厨师能用最简单的方法在最短的时间内完成，以保持食物色泽和营养成分，同时最好只用薄芡，多采用蒸煮，少用煎炸，多用快炒，少用炖煨；菜式的材料组合需要精致而富有弹性的创意，分量则恰到好处；在服务方面，多寻求轻松舒适的用餐环境，以及愉快、清新、简洁且高效的服务。而这些，正是新派粤菜酒家所具备的特点。

用好调料菜自鲜

常常会有这样的体会：餐馆里炖的肉特别香，饭店里的火锅底料特好吃，麻辣香锅特过瘾，吃了还想吃。可是自己在家炖的肉，吃多了就会觉得胃胀、不消化。其实，秘密就在调料上。

蚝油

蚝油不是油质，而是在加工蚝豉时，煮蚝豉剩下的汤，此汤经过滤浓缩后即为蚝油。它是一种营养丰富、味道鲜美、蚝香浓郁、黏稠适度的调料。蚝油中牛磺酸含量之高是许多调味料不能相比的，其作用与谷氨酸相似，被称为“多功能食品添加剂的新星”，具有防癌抗癌、增强人体免疫力等多种保健功能。

酱油

酱油是用豆、麦、麸皮酿造的液体调料。色泽红褐色，有独特酱香，滋味鲜美，有助于促进食欲，是中国的传统调料。酱油是菜肴中非常重要的调料，尤其在烹调肉类时，加入一定量的酱油，可增加香味，并使其色泽更加好看，从而增进食欲。

海鲜酱

海鲜酱，顾名思义就是用各种海鲜制作的酱料，香味浓郁，既可用于下饭，也可用葱丝蘸酱配玉米饼食用，还可用于菜肴的调味。

咖喱

咖喱的主要成分是姜黄粉、川花椒、八角、胡椒、桂皮、丁香和香菜籽等含有辣味的香料，其能促进唾液和胃液的分泌，增加胃肠蠕动，增进食欲；还能促进血液循环，达到发汗的目的。咖喱的种类很多，以颜色来分，有红、青、黄、白之别，根据配料细节上的不同来区分种类、口味的咖喱有十多种，这些迥异不同的香料汇集在一起，就构成了咖喱各种令人意想不到的浓郁香味。

醋

醋是一种发酵的酸味液态调料，以含淀粉类的粮食为主料，谷糠等为辅料，经过发酵酿制而成。醋在中式烹调中为主要调料之一，以酸味为主，且有芳香味，用途较广。它能去腥解腻，增加鲜味和香味，减少维生素 C 在食物加热过程中的流失，还可使烹饪原料中钙质溶解而利于人体吸收。优质醋酸而微甜，带有香味。

芝麻油

芝麻油具有浓郁的香味。在加工过程中，芝麻中的特有成分经高温炒料处理后，生成具有特殊香味的物质，使芝麻油具有独特的香味，有别于其他各种食用油，故又称香油。芝麻油常用于烹饪并加在酱料里，在中式酱料里很受欢迎。

豆瓣酱

豆瓣酱是从蚕豆、盐、辣椒等为原料酿制而成的酱，味道咸、香、辣，颜色红亮，不仅能增加口感香味，还能给菜增添颜色。调制海鲜类或肉类等有腥味的酱料时，加入豆瓣酱有抑制腥味的特点，还能突出口味。

豆腐乳

豆腐乳是我国著名的传统酿造调料之一。它是以黄豆为主要原料，经过磨浆、制胚、前期培菌、腌制、后期发酵而成。豆腐乳富含蛋白质，具有独特的营养价值，加上口味鲜美，风味独特，质地细腻，深受广大消费者的钟爱，已经成为人们日常生活中不可或缺的美食。

番茄汁

番茄汁是鲜番茄的酱状浓缩制品，呈鲜红色酱体，具有番茄的特有风味，是一种富有特色的调料。番茄汁由成熟红番茄经破碎、打浆、去除皮和籽等粗硬物质后，经浓缩、装罐、杀菌而成。番茄汁常用作鱼、肉等食物的烹饪佐料，是增色、添酸、助鲜、提香的调味佳品。番茄汁的运用，是形成港粤菜风味特色的一个重要调味内容。

鸡精

鸡精是由鸡肉、鸡蛋、鸡骨头等为基料，通过蒸煮、减压、提汁后，配以盐、糖、味精（谷氨酸钠）、鸡肉粉、香辛料、肌苷酸、鸟苷酸、鸡味香精等物质复合而成的，具有鲜味、鸡肉味的复合增鲜、增香调料，经特殊工艺制作而成。它以味道鲜美、独特开始逐渐代替味精而走进了千家万户。

制作广东靓汤有诀窍

要想做好一锅美味与营养兼备的广东老火靓汤，一定要注意以下三个关键。

主料和调味料的搭配

常用的花椒、生姜、胡椒、葱等调味料，能起到去腥增香的作用，一般都是少不了的，针对不同的主料，需要加入不同的调味料。比如烧羊肉汤，由于羊肉膻味重，调料如果不足的话，做出来的汤就不爽口，这就得多加姜片和花椒了。但调料多了也有一个不好的地方，就是容易产生太多的浮沫，这就需要大家在做汤的后期耐心地将浮沫撇掉。

选择优质合适的配料

一般来说，根据所处的季节的不同，加入时令蔬菜作为配料为准，比如炖酥肉汤的话，春夏季就加入菜头做配料，秋冬季就加白萝卜。对于那些比较特殊的主料，需要加特别的配料，比如牛羊肉烧汤吃多了很容易上火，就需要加去火的配料，这时，白萝卜就是比较好的选择，二者合炖，就没那么容易上火了。

原料应冷水下锅

制作老火靓汤的原料一般都是整只整块的动物性原料，如果投入沸水中，原料表层细胞骤然受高温易凝固，会影响原料内部蛋白质等物质的溢出，成汤的鲜味便会不足。煲老火靓汤讲究“一气呵成”，不应中途加水，因这样会使汤水温度突然下降，肉内蛋白质突然凝固，再不能充分溶解于汤中，也有损于汤的美味。

蒸出来的美味

就烹饪而言，如果没有蒸，我们就永远尝不到由蒸变化而来的鲜、香、嫩、滑之滋味。

蒸菜的定义

蒸是一种重要的烹调方法，其原理是将原料放在容器中,以蒸汽加热,使调好味的原料成熟或酥烂入味。其特点是能保留菜肴的原形、原汁、原味。比起炒、炸、煎等烹饪方法，蒸更符合健康饮食的要求。

蒸菜的四大好处

❶蒸菜不易上火：蒸的过程是以水渗热、阴阳共济，蒸制的菜肴吃多了也不易上火。

❷蒸菜营养好：蒸能避免食材受热不均和过度煎、炸造成有效成分的破坏和有害物质的产生。

❸蒸品最卫生：菜肴在蒸的过程中，餐具也得到蒸汽的消毒，可避免二次污染。

❹蒸菜的味道更纯正："蒸"是利用蒸汽的对流作用，把热量传递给菜肴原料，使其成熟，所以蒸出来的食品清淡、自然，既能保持食物的外形，又能保持食物的风味。

蒸菜的种类

清蒸：指单一口味原料直接调味蒸制。

粉蒸：指腌味的原料上浆后，粘上一层熟玉米粉蒸制成菜的方法。

糟蒸：是在蒸菜的调料中加糟卤或糟油，使成品菜有特殊的糟香味的蒸法。

上浆蒸：是将鲜嫩原料用蛋清、淀粉上浆后再蒸的方法。

扣蒸：就是将原料经过改刀处理按一定顺序放入碗中，再上笼蒸熟的方法。

锁住肉类营养，烹调有秘诀

肉类营养丰富、味道鲜美，烹调肉类并锁住营养的诀窍主要有以下几点。

肉块要切得大些

肉类中含有可溶于水的含氮物质，炖肉时释出越多，肉汤味道越浓，肉块的香味则会相对减淡，因此炖肉的肉块要切得适当大些，以减少肉内含氮物质的外溢，这样肉味可比小块肉鲜美。另外，不要用旺火猛煮：一是肉块遇到急剧的高热时肌纤维会变硬，肉块就不易煮烂；二是肉中的芳香物质会随猛煮时的水汽蒸发掉，使香味减少。

肉类焖制营养最高

肉类食物在烹调过程中，某些营养物质会遭到破坏。采用不同的烹调方法，其营养损失的程度也有所不同。如蛋白质，在炸的过程中损失可达 8% ~ 12%，煮和焖则损耗较少；B 族维生素在炸的过程中损失 45%，煮为 42%，焖为 30%。由此可见，肉类在烹调过程中，焖制损失营养最少。另外，如果把肉剁成肉泥，与面粉等做成丸子或肉饼，其营养损失要比直接炸或煮减少一半。

炖肉时要少加水

在炖煮肉类时，要少加水，以使汤汁滋味醇厚。在煮、炖的过程中，水溶性维生素和矿物质溶于汤汁内，如随汤一起食用，会减少损失。因此，在食用红烧、清炖及蒸、煮的肉类及鱼类食物时，应连汁带汤都吃掉。

肉类和蒜一起烹饪更有营养

关于瘦肉和大蒜的关系，民间有谚语云："吃肉不加蒜，营养减一半。"意思就是说肉类食品和蒜一起烹饪更有营养。

动物性食品中，尤其是瘦肉中含有丰富的维生素 B_1，但维生素 B_1 并不稳定，在人体内停留的时间较短，会随尿液大量排出。而大蒜中含特有的蒜氨酸和蒜酶，二者接触后会产生蒜素，肉中的维生素 B_1 和蒜素结合能生成稳定的蒜硫胺素，从而提高肉中维生素 B_1 的含量。不仅如此，蒜硫胺素还能延长维生素 B_1 在人体内的停留时间，提高其在胃肠道的吸收率和在人体内的利用率。所以，在日常饮食中，吃肉时应适量吃一点蒜，既可解腥去异味，又能达到事半功倍的营养效果。

第2章

清香素食，以本味先行

清淡爽口的素食是百姓餐桌上的常见菜品，新鲜质嫩的时令蔬菜为人们提供了多种选择和搭配。本章将为你介绍几道清淡、素雅的菜式，它们做起来非常简单，且营养丰富，散发出的天然风味告诉你，少花钱一样可以品尝到好味道！

白灼菠菜

3分钟　益气补血
清淡　女性

菠菜滋阴润燥、疏肝养血；豉油咸鲜开胃。菠菜焯水，捞出，装盘，淋上风味独特的豉油汁，交织出多层次口感，滋味十足。浅尝一口，豉油汁的咸香伴着菠菜的丝丝甜味，萦绕唇齿，妙不可言。其实，白灼菠菜与荤菜搭配，才是极佳的吃法。尤其当你誓将减肥进行到底，却又经不住大鱼大肉的诱惑时，来一盘白灼菠菜，绝对解腻又解馋。

材料

菠菜	150克
姜丝	5克
红椒丝	20克

调料

盐	4克
鸡精	3克
白糖	5克
食用油	适量
豉油	适量

食材处理

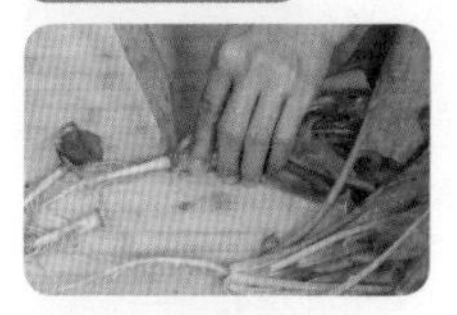

❶将菠菜洗净，去根。

❷装入盘中备用。

做法演示

❶在锅中倒入适量清水，加盖，用大火烧开。

❷揭盖，淋入少许食用油，加入适量盐、鸡精。

❸放入菠菜，煮至熟。

❹捞出煮好的菠菜。

❺装入盘中备用。

❻锅中注入适量食用油，烧热，倒入适量豉油。

❼加入姜丝、红椒丝、鸡精、白糖；煮沸制成豉油汁。

❽将豉油汁浇在菠菜上。

❾稍放凉后，即可食用。

食物相宜

防治贫血

菠菜

猪肝

美白肌肤

菠菜

花生

小贴士

- 利用沾湿的纸来包装菠菜，再用塑胶袋包装之后放入冰箱冷藏，可保鲜两三天。
- 煮食菠菜前先将其投入开水中快焯一下，即可除去草酸，有利于人体吸收菠菜中的钙质。

白灼茼蒿

3分钟　降压补脑
清淡　老年人

茼蒿含有特殊的香气，有助于宽中理气，消食开胃。白灼，是茼蒿最天然的吃法，不仅可以更好地保持茼蒿的色泽和口感，也能保留较多的营养。鲜嫩的茼蒿摆在盘中，经由鲜香酸甜的红椒生抽汁调味增色，油绿鲜脆，令人食欲大增。就着米饭，细细嚼来，香中有点涩，涩里透着甜，十分清胃爽口。

材料

茼蒿	250克
红椒	20克

调料

盐	3克
大豆油	适量
生抽汁	20毫升

做法演示

❶ 锅中加入少许清水烧开。

❷ 加入少许大豆油和盐。

❸ 搅匀煮沸。

❹ 倒入洗净的茼蒿。

❺ 搅拌均匀。

❻ 茼蒿煮熟后立即捞出装盘。

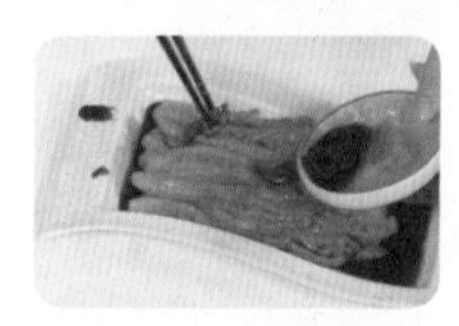
❼ 淋入红椒、生抽汁。

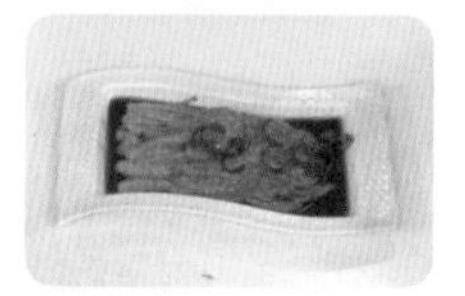
❽ 稍腌渍即可食用。

小贴士

- 茼蒿可以用保鲜膜封好，放入冰箱中储存 2~3 天。
- 购买时要选择无黄叶、萎蔫的新鲜茼蒿。
- 火锅中加入茼蒿，可促进鱼类或肉类蛋白质的代谢，对营养的摄取有益。

养生常识

- ★ 茼蒿丰富的粗纤维有助于肠道蠕动，可促进排便，达到通腑利肠的目的。
- ★ 茼蒿含有多种氨基酸、脂肪、蛋白质及较高量的钠、钾等矿物盐，能调节体内水液代谢，通利小便，清除水肿。
- ★ 茼蒿做汤或凉拌对胃肠功能不好的人有利，茼蒿与肉、蛋等荤菜共炒可提高其维生素 A 的利用率。
- ★ 茼蒿气浊，易使人上火，一次忌食过量。
- ★ 茼蒿辛香滑利，脾虚泄泻者不宜多食。

食物相宜

预防便秘

茼蒿

+

蜂蜜

养胃健脾

茼蒿

+

粳米

葱油芥蓝

2分钟　开胃消食
清淡　一般人群

芥蓝属于极有个性的蔬菜，于肉嫩爽脆之外又略具辛辣气，余味还有一点点苦。而有些人专好这一口，尤其是在珠江三角洲一带，人们喜欢用葱油来炒芥蓝，借葱油浓郁的香气和油腻感，中和芥蓝的淡淡苦味。成菜翠色欲滴如碧玉簪，清爽细嫩，葱香扑鼻，催人食欲。

材料

芥蓝	250 克
大葱	30 克

调料

盐	2 克
味精	1 克
白糖	2 克
水淀粉	适量
料酒	5 毫升
食用油	适量

食材处理

❶ 将洗净的大葱切成段，将洗净的芥蓝切成段。

❷ 锅中注入清水烧开，加入食用油，倒入芥蓝拌匀。

❸ 煮约 1 分钟，捞出备用。

做法演示

❶ 锅置大火上，注油烧热，倒入大葱爆香。

❷ 倒入芥蓝、料酒。

❸ 翻炒至熟。

❹ 加入盐、味精、白糖炒匀调味。

❺ 加入少许水淀粉勾芡。

❻ 将勾芡后的菜炒均匀。

❼ 将炒好的芥蓝盛入盘内。

❽ 装好盘即可食用。

小贴士

- 用面粉调成糊洗手，可以去除切葱时留在手上的气味。
- 兰花葱切法：在四五厘米长的葱白两端，分别切“十”字刀口，但两端不切通，中间相连，两端呈丝丝状，经水泡后便会自然卷转。

养生常识

★ 大葱味辛，性微温，具有发表通阳、解毒调味的作用，主要用于风寒感冒、恶寒发热、头痛鼻塞、阴寒腹痛、痢疾泄泻、虫积内阻、乳汁不通、二便不利等。

食物相宜

防癌

芥蓝

+

西红柿

改善妊娠水肿

芥蓝

红菜薹

健胃消食

芥蓝

山药

蚝油圆生菜

2分钟　开胃消食
清淡　女性

“民以食为天，食以味为先”，蚝油就是粤菜中常用的鲜味调料，它用牡蛎熬制而成，味道鲜美，香郁浓稠，营养价值高。圆生菜，质地脆嫩，口感鲜美清香，焯熟后油嫩可人，娇柔似花。浇上经蚝油、老抽、鸡精等调好的芡汁，这滋味便更加出色，口感鲜爽润滑，香气清新。

材料

圆生菜　250克

调料

鸡精　1克
蚝油　3毫升
老抽　3毫升
盐　2克
味精　1克
水淀粉　适量
食用油　适量

食材处理

❶ 锅中倒入清水，烧开后倒入食用油。

❷ 放入少许食盐拌均匀。

❸ 放入已洗净剥好的圆生菜，煮约 1 分钟。

❹ 用漏勺拌煮至熟后捞出。

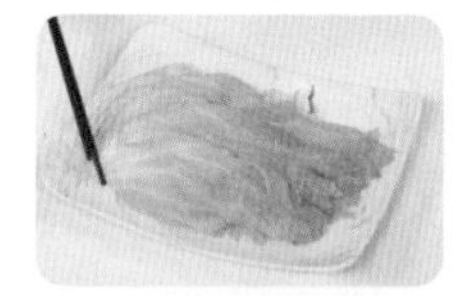

❺ 将焯熟的圆生菜整齐地摆入盘中。

做法演示

❶ 起油锅，加少许清水烧开。

❷ 放入适量的鸡精、蚝油、老抽。

❸ 加入盐、味精和水淀粉调成芡汁。

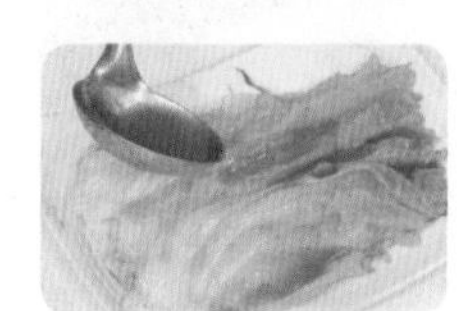

❹ 将调好的芡汁浇在圆生菜上。

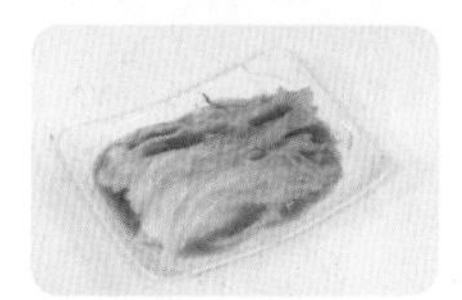

❺ 摆好盘，即可食用。

小贴士

- 购买时应挑选色绿、棵大、茎短的鲜嫩圆生菜。
- 圆生菜不宜久存，用保鲜膜封好置于冰箱中可保存 2~3 天。

食物相宜

能增白皮肤

圆生菜

\+

豆腐

促进人体对铁的吸收

圆生菜

\+

海带

养生常识

★ 妇女产后缺乳或乳汁不通可多吃圆生菜，因圆生菜有通乳、下乳的作用。

★ 圆生菜有利五脏、通经脉、开胸膈、利气、坚筋骨、白牙齿、明耳目、通乳汁、利小便的作用。

木耳酸笋拌黄瓜

5分钟　养心润肺
清淡　一般人群

酸笋的味道、气息都极为浓烈，在菜肴中只需添加少许，就能很好地烘托食物的滋味，彻底激活人的食欲。酸笋在凉拌前，应经水焯煮，以降低其酸味，这样入口后味道才更佳。酸笋、木耳和黄瓜的搭配，无论色泽、食味还是营养都颇为不俗，尤其是酸笋释放出的那份酸爽、鲜美，让你完全无法控制住口水的分泌。

材料

黄瓜	150 克
酸笋	80 克
水发黑木耳	30 克
彩椒片	20 克

调料

盐	3 克
食用油	适量
白糖	2 克
鸡精	1 克
蒜油	适量

食材处理

❶将洗净的黄瓜对半切开，切去瓜瓤，改切成块。

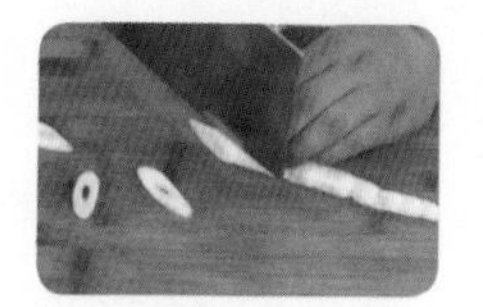

❷将洗好的酸笋切片。

❸将木耳切成小朵。

做法演示

❶锅中倒入少许清水，加少许盐、食用油煮沸。

❷倒入切好的木耳、酸笋。

❸焯煮约2分钟至熟后，捞出。

❹将焯熟的材料装入碗中。

❺将黄瓜、彩椒倒入碗中。

❻加盐、鸡精、白糖。

❼倒入蒜油。

❽用筷子充分拌匀。

❾摆入盘内即成。

小贴士

- 干木耳烹调前宜用温水泡发，泡发后仍然紧缩在一起的部分不宜食用。
- 选购黑木耳，以色泽黑褐、质地柔软的为佳。

食物相宜

补血

黑木耳

红枣

减肥

黑木耳

黄瓜

洋葱炒黄豆芽

3分钟 降低血脂
清淡 高脂血症者

这道菜选用的是黄豆芽，清香爽口，味道鲜美，是较好的蛋白质和维生素来源。洋葱营养丰富，具有利尿、防癌、降压等作用。将两种好食材搭配烹调，紫、白、黄相间，爽口又养眼，再用少许胡萝卜丝、葱段加以点缀，既丰富了口感，也让食客看起来更有食欲。

材料

黄豆芽	120克
洋葱	100克
胡萝卜丝	20克
葱段	5克

调料

盐	2克
味精	1克
水淀粉	适量
食用油	适量

食材处理

❶ 将洗好的洋葱切成丝。

❷ 锅中倒入清水，加入盐，放入胡萝卜丝。

❸ 煮沸后，将胡萝卜丝捞出。

做法演示

❶ 热锅注油，倒入洗好的黄豆芽、洋葱丝。

❷ 倒入胡萝卜丝。

❸ 加盐、味精炒匀。

❹ 加入少许水淀粉勾芡。

❺ 撒入葱段炒匀。

❻ 盛入盘中即可。

小贴士

- 烹调黄豆芽的过程要迅速，或用油急速快炒，或用沸水略煮后立刻取出调味食用。
- 有的豆芽看起来肥胖鲜嫩，但有一股难闻的化肥味，可能含有激素，千万不要食用。
- 黄豆芽不宜保存，建议现买现食。
- 要选择个体饱满、新鲜的黄豆芽食用。
- 黄豆在发芽过程中，更多的营养素被释放出来，营养更胜一筹。

食物相宜

增强免疫力

洋葱

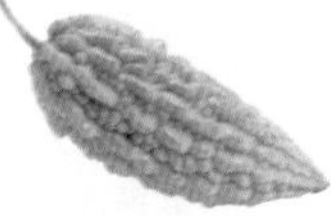

苦瓜

防癌抗癌 消炎杀菌

洋葱

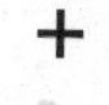

大蒜

养心安神

洋葱

牛肉

南瓜炒百合

2分钟　养心润肺
甜　老年人

南瓜炒百合是一道常见的养生保健菜。南瓜富含胡萝卜素和维生素C，有健脾、护肝、美容之功；百合含有秋水仙碱等多种生物碱和营养物质，有润肺、清心、调中、滋补之效。平时吃多了大鱼大肉，来一盘清淡的南瓜炒百合，既有营养，又能解除油腻，清爽的口感也令人喜欢。

材料

南瓜	150克
青椒	15克
百合	10克

调料

盐	2克
白糖	1克
食用油	适量

食材处理

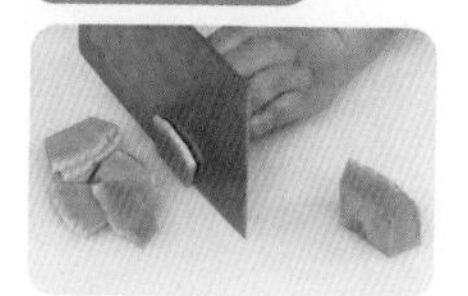

❶ 把去皮洗净的南瓜切成片。

❷ 将洗净的青椒切成小块。

❸ 锅中注水，烧开，倒入南瓜，大火煮 1 分钟。

❹ 加入百合，搅拌均匀，再煮约半分钟至熟透。

❺ 捞出煮好的百合和南瓜，沥干水分。

❻ 将焯熟的南瓜和百合装入盘中，备用。

做法演示

❶ 炒锅热油，倒入青椒翻炒片刻。

❷ 倒入南瓜、百合炒匀。

❸ 加入盐、白糖。

❹ 翻炒约 1 分钟至入味。

❺ 盛入盘中即可。

食物相宜

美白肌肤

南瓜

芦荟

清热解毒，生津止渴

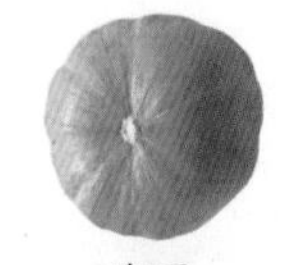

南瓜

绿豆

小贴士

- 在烹煮百合前，须进行泡发、预煮等预加工步骤。
- 购买时要选择新鲜、没有变色的百合。

西芹炒百合

2分钟　防癌抗癌
清淡　女性

人们常说："更乞两从香百合，老翁七十尚童心。"这是说百合对人体的保健作用——润肺清心、美容养颜。西芹营养价值也相当高，可清肠道、排肠毒。西芹炒百合是一道清香四溢、脆嫩爽口的美食，既清新又素雅，单看菜色就能够让人心情格外明朗。爱美的女性经常食用，不仅能使身体健康受益，更会让你显得年轻美丽。

材料

西芹	100 克
胡萝卜	50 克
百合	20 克
姜片	5 克
葱白	5 克

调料

盐	2 克
鸡精	1 克
食用油	适量

食材处理

❶ 把洗好的胡萝卜切成片。

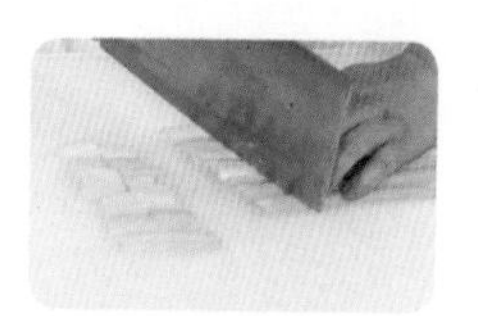

❷ 将洗净的西芹切成段。

❸ 清水锅烧开后倒入西芹焯煮片刻。

❹ 倒入胡萝卜和洗净的百合拌匀焯水。

❺ 捞出后装入干净的碗中。

做法演示

❶ 炒锅热油，倒入西芹、胡萝卜、百合，翻炒片刻。

❷ 加入盐、鸡精，拌炒约 1 分钟入味。

❸ 倒入姜片、葱白炒香。

❹ 淋入少许清水，快速炒匀。

❺ 起锅盛入盘中。

❻ 装好盘即可食用。

小贴士

- 胡萝卜应用油炒热或和肉类一起炖煮后食用，以利于营养物质的吸收。
- 购买时选购体形圆直、表皮光滑、色泽橙红、无须根的胡萝卜。

养生常识

★ 支气管有炎症的人食用百合，有助病情改善，皆因百合可以滋阴润燥。常食有润肺、清心、调中之效，可止咳、止血、开胃、安神。

★ 百合主要含生物素、秋水仙碱等多种生物碱和营养物质，有良好的营养滋补之功，特别是对病后体虚、神经衰弱等大有裨益。

食物相宜

开胃

百合

鸡肉

止咳平喘

百合

+

杏仁

滋阴补血

百合

+

桂圆

百合扣金瓜

25 分钟　养心润肺
甜　老年人

百合可清热润燥、润肺止咳、益气安神；金瓜就是小南瓜，营养丰富，含有极高的维生素A，是极佳美容食品。百合扣金瓜，百合的幽幽清香与金瓜的丝丝清甜相结合，软糯可口、醇香清甜，正如“金风玉露一相逢”，便胜过人间无数美味佳肴。在秋季，南瓜上市时节，不妨多吃点，具有较好的抗秋燥效果！

材料

鲜百合	180 克
金瓜	350 克

调料

盐	2 克
鸡精	1 克
水淀粉	适量
食用油	适量

做法演示

❶ 将金瓜去皮洗净，掏去瓤、籽，切块；百合洗净备用。

❷ 锅中注油烧至三成热，倒入金瓜滑油片刻后，捞出。

❸ 锅留底油，加水，倒入金瓜翻炒，加入盐、鸡精。

❹ 倒入百合炒匀。

❺ 将金瓜盛入碗内，放入百合。

❻ 转到蒸锅。

❼ 中火蒸 15 ~ 20 分钟。

❽ 待金瓜、百合蒸至熟烂后取出，倒出原汤汁。

❾ 倒扣在盘内。

❿ 另起锅，倒入原汁，加水淀粉调成稠汁。

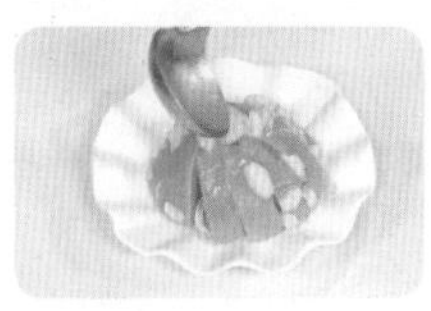

⓫ 将稠汁浇在金瓜、百合上即成。

小贴士

- 新鲜百合用保鲜膜封好置于冰箱中可保存 1 周左右。

养生常识

★ 百合性偏凉，凡风寒咳嗽、虚寒出血、脾虚便溏者均不宜选用。

★ 金瓜含有较丰富的维生素 A、B 族维生素、维生素 C，南瓜中维生素 A 的含量几乎为瓜菜类之首。

★ 金瓜子味甘、性平，含氨酸、脂肪油、蛋白质等。能驱虫、消肿，可治疗蛔虫、百日咳、痔疮等。此外金瓜子也是有效的驱绦虫剂，没有毒副作用，适宜老人、儿童。对蛲虫病、钩虫病等也有明显的效果。

食物相宜

清心安神

百合

莲子

润肺益肾，止咳平喘

百合

核桃

清肝明目

百合

枸杞子

椒盐茄盒

3 分钟　降低血脂
咸香　老年人

茄盒是餐桌上常见的一道菜，由茄子切成茄夹，塞以肉馅，外面裹上面糊炸制而成。炸好的茄盒外酥里软，一口咬下去，肉的鲜香和茄子的清香瞬间在舌尖绽放，让你体会到丰富的层次感。椒盐的加入使其味道更佳，越嚼越香，让你欲罢不能。唯有亲口品尝才知其中的美妙！

材料

肉末	150 克
茄子	100 克
鸡蛋	1 个
红椒末	10 克
蒜末	5 克
葱花	5 克
洋葱末	10 克

调料

淀粉	适量
料酒	3 毫升
味精	1 克
食用油	适量
椒盐	适量

食材处理

❶ 将去皮洗净的茄子切双飞片。

❷ 放入清水中浸泡备用。

❸ 将鸡蛋打入碗内，搅散。

❹ 加少许淀粉调匀。

❺ 茄子撒上淀粉，刀口处塞满肉末。

❻ 将酿好的茄片裹上蛋液，再用淀粉裹匀。

❼ 热锅注油，烧至五成热时，放入酿好的茄子。

❽ 炸约 2 分钟捞出。

做法演示

❶ 锅中加入油、红椒、蒜、洋葱、椒盐炒香。

❷ 加料酒、味精、葱花、茄子炒匀。

❸ 盛出装盘即可。

小贴士

✪ 鸡蛋最好在冰箱内保存，把鸡蛋的大头朝上，小头朝下放，这样可以延长鸡蛋的保存时间。

食物相宜

顺肠通气

茄子

黄豆

预防心血管疾病

茄子

＋

羊肉

养生常识

★ 茄子中含有较多的钾，可调节血压及心脏功能，预防心脏病和中风。

鲍汁铁板酿茄子

5 分钟　降低血脂
咸香　老年人

要将茄子烹饪得软嫩多汁，酱香怡人，在保证口感的同时，还要保证茄子纯正的紫色，最考究的就是用料了！选用鲍汁可以很好地保持茄子颜色的鲜亮，同时用肉末调味提鲜，加红椒末、洋葱增强口感。成菜虽然很朴素但美味十足，怎么吃都不腻！看似简单的一道菜，其实暗藏了许多小窍门！

材料

材料	用量
肉末	200 克
茄子	150 克
葱段	5 克
蒜末	5 克
红椒末	20 克
洋葱末	10 克

调料

调料	用量
生抽	5 毫升
蚝油	3 毫升
鸡精	1 克
盐	3 克
味精	1 克
白糖	2 克
老抽	3 毫升
鲍汁	适量
淀粉	适量
食用油	适量

食材处理

❶ 肉末加盐、味精、生抽、淀粉拌匀腌10分钟。

❷ 将茄子划上斜花刀撒上淀粉，刀口处塞满肉末。

❸ 锅注油，烧至五成热，放入酿好的茄子炸熟捞出。

做法演示

❶ 锅留油，加葱、蒜、红椒、洋葱、鲍汁拌匀煮沸。

❷ 加入蚝油、鸡精、盐、味精、白糖、老抽调味。

❸ 放入炸好的茄子，煮约2分钟至入味。

❹ 将茄子盛入烧热的铁板内。

❺ 原汤汁加水淀粉勾芡，制成稠汁。

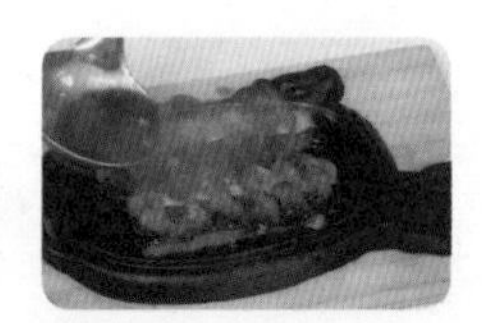

❻ 将稠汁浇在茄子上即成。

小贴士

- 洋葱不宜烧得过老，以免破坏其营养物质。
- 购买洋葱时以球体完整，没有裂开或损伤，表皮完整光滑，外层保护膜较多的为佳。
- 洋葱放置在阴凉通风处可保存1周左右。
- 凡皮肤瘙痒性疾病、眼疾患者和眼部充血者忌食洋葱，肺、胃发炎者也应少食。
- 在切洋葱前，把菜刀在冷水中浸一阵，再切时就不会因受挥发物质刺激而流泪了。

养生常识

★ 高血压、高脂血症等心血管患者适宜食用洋葱。

食物相宜

预防心血管疾病

茄子

+

苦瓜

强身健体

茄子

牛肉

保护心血管

茄子

兔肉

乳香藕片

2分钟　益气补血
鲜　女性

莲藕清脆爽口，有健脾开胃、益血补心的作用；腐乳细腻醇厚、咸鲜开胃。藕片迅速氽水，沥干；腐乳入锅炒香，放入藕片快速翻炒均匀，调味，一道经典的广式小炒——乳香藕片就完成了。藕片经由腐乳的增色提味，油亮红润、香味浓郁，开胃又下酒。吃剩的腐乳汁不要倒掉，用来拌饭，也会让你收获一份意想不到的美味哦！

材料		调料	
莲藕	200克	盐	3克
蒜末	5克	白糖	1克
葱花	5克	味精	1克
南腐乳	适量	白醋	适量
		水淀粉	适量
		食用油	适量

食材处理

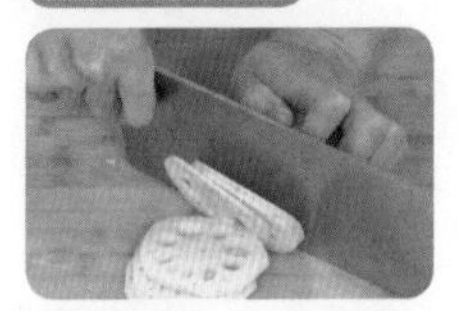

❶ 将莲藕去皮洗净，切成片。

❷ 装入盘中备用。

❸ 在锅中倒入适量清水。

❹ 加少许白醋烧开。

❺ 倒入切好的藕片，用大火焯煮约 1 分钟至熟。

❻ 捞出焯好的藕片，沥干水分。

做法演示

❶ 用油起锅，倒入蒜末。

❷ 倒入南腐乳，炒香。

❸ 倒入藕片。

❹ 炒匀后加入盐、白糖、味精、水淀粉。

❺ 快速拌炒均匀。

❻ 盛出藕片，撒上葱花即成。

小贴士

- 购买莲藕时，以两端的节很细、藕身圆而笔直、用手轻敲声厚实、皮颜色为淡茶色、没有伤痕的为佳。
- 莲藕不宜保存，要尽量现买现做现食。

食物相宜

滋阴，健脾

莲藕

猪肉

止呕

莲藕

生姜

养生常识

★ 在根茎类食物中，莲藕含铁量较高，故对缺铁性贫血的患者颇为适宜。肥胖者应少食藕。由于藕性偏凉，故产妇不宜过早食用。一般产后 1~2 周后再吃藕可以逐淤。

蜜汁南瓜

8 分钟　美容养颜
甜　女性

平日里吃多了大鱼大肉，偶尔来点清新风味的南瓜也不错！蜜汁南瓜是将南瓜、枸杞子、百合摆盘，隔水蒸熟，浇上冰糖汁而成。成菜色泽艳丽、香甜怡人，南瓜更是丝丝爽滑、入口即化，唇舌间尽是瓜果的软糯香甜。在闲暇时，自己动手做一道甜蜜蜜的南瓜佳肴，好心情也随之而来。

材料

南瓜	500 克
鲜百合	40 克
冰糖	30 克
枸杞子	3 克

食材处理

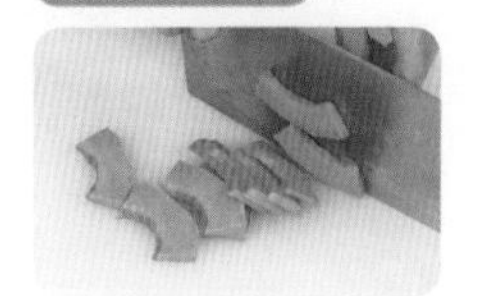

❶ 将去皮洗净的南瓜切片。

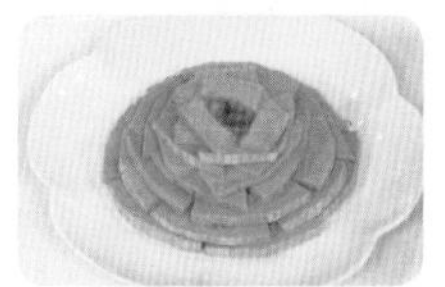

❷ 把南瓜片装入盘中，堆成塔形。

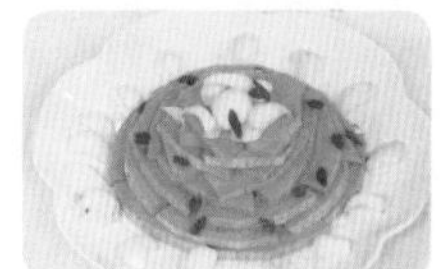

❸ 用洗净的百合片围边，再放入干净的枸杞子点缀。

做法演示

❶ 将南瓜移到蒸锅。

❷ 蒸约 7 分钟。

❸ 取出蒸好的南瓜。

❹ 锅中加少许清水，倒入冰糖，拌匀。

❺ 用小火煮至融化。

❻ 将冰糖汁浇在南瓜上即可。

养生常识

★ 冰糖可以增加甜度，中和多余的酸度，并且有去火的作用，它还是和菊花、枸杞子、山楂、红枣等组配的极好调味料，是入肝经和肺经的优良食品。

★ 冰糖品质纯正，不易变质，除可作糖果食用外，还可用于高级食品甜味剂，配制药品浸渍酒类和滋补佐药等。一般人群均可食用，糖尿病患者忌食。

★ 冰糖味甘、性平，入肺、脾经；有补中益气、和胃润肺的作用。

食物相宜

降低血压

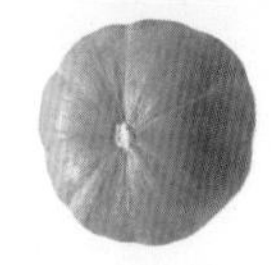

南瓜

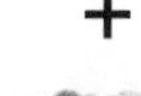

莲子

预防糖尿病

南瓜

+

猪肉

南瓜炒蟹柳

3分钟　开胃消食
甜　肠胃病患者

南瓜是很好的食物，其中含有丰富的锌，锌是人体生长发育的重要物质；南瓜中还含有丰富的矿物质，特别适合中老年人食用。南瓜除了做粥、做点心，还可做菜。南瓜炒着吃有股淡淡的清香味，香甜软糯的口感也让人喜爱。蟹柳、莴笋的加入，不仅让成菜色泽更丰富，也让口感变得更富有层次。

材料

南瓜片	100克
蟹柳	80克
莴笋片	30克
口蘑片	15克
生姜片	5克
葱段	5克
大蒜片	5克

调料

盐	2克
味精	1克
料酒	3毫升
水淀粉	少许
食用油	适量

食材处理

❶ 将蟹柳切段。

做法演示

❶ 锅烧热，注入适量食用油，烧至四成热。

❷ 将南瓜、口蘑、莴笋片倒入油锅中。

❸ 滑油片刻后捞出。

❹ 锅底留油，放入生姜、大蒜片煸香。

❺ 倒入南瓜、莴笋和口蘑炒匀。

❻ 将蟹柳倒入锅中。

❼ 将所有食材翻炒均匀。

❽ 加入少许料酒。

❾ 加入少许清水略煮片刻。

❿ 调入盐、味精。

⓫ 用少许水淀粉勾芡。

⓬ 撒入葱段炒匀。

⓭ 出锅装盘即可。

食物相宜

美白肌肤

南瓜

芦荟

提神补气

南瓜

山药

梅菜炒苦瓜

4分钟　增强免疫力
咸　男性

苦瓜是夏日里清火最好的食物了，但它的苦味大多数人都不喜欢。怕吃苦的人可试试梅菜炒苦瓜。先用五花肉煸出油，再放入梅菜、苦瓜翻炒，让苦瓜充分吸收肉的鲜香、梅菜的甜咸。吃在嘴里清脆中略带香甜。吃过后，一股淡淡的苦又在口中弥漫，这甜和苦都恰到好处。炎热的夏天，尝尝这份简单的佳肴，心中也多了几分清爽。

材料

材料	用量
梅菜	100克
苦瓜	150克
五花肉	100克
红椒片	20克
姜片	5克
蒜蓉	5克
葱段	5克

调料

调料	用量
盐	2克
老抽	2毫升
白糖	1克
食用油	适量

食材处理

❶把洗净的梅菜切碎。

❷将洗净的苦瓜去除瓜瓤，切薄片。

❸将洗净的五花肉切片装碗中备用。

做法演示

❶炒锅热油，倒入五花肉炒出油。

❷加少许老抽，炒匀上色。

❸倒入姜片、葱段、蒜蓉。

❹倒入梅菜炒匀，加盐、白糖调味。

❺倒入苦瓜炒匀。

❻注入少许清水，翻炒至熟。

❼倒入红椒片炒匀。

❽转中火翻炒至熟透。

❾出锅盛入盘中即可食用。

食物相宜

排毒瘦身

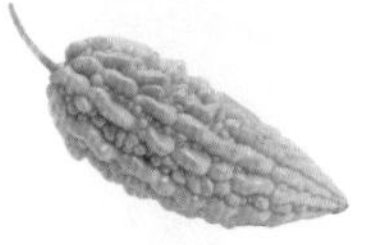

苦瓜

+

辣椒

延缓衰老

苦瓜

+

茄子

小贴士

✪ 如果苦瓜的形状，两头是尖的，而且整体比较直，则为上好佳品，反之较差。品种好的苦瓜，其颜色是翠绿的，如果颜色发黄，则表明苦瓜已经过老、发蔫。

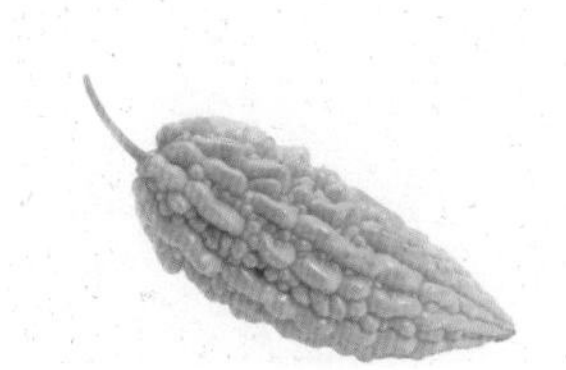

椒盐玉米

5 分钟　降低血脂
鲜　一般人群

玉米粒煮熟，拌淀粉，入锅油炸，一粒粒玉米躲在酥脆的外衣下，隐隐约约透着嫩黄的光色，犹如一朵朵含苞待放的花。火红的辣椒、翠绿的葱花加以点缀，色彩亮丽，营养丰富。成菜装盘，玉米、红椒、葱花随意散落在盘中，犹如落入玉盘的珍珠，令人浮想联翩。

材料

鲜玉米粒	400 克
红椒	20 克
葱	5 克
蒜末	5 克

调料

盐	3 克
味精	3 克
淀粉	适量
椒盐	少许
食用油	适量
芝麻油	适量

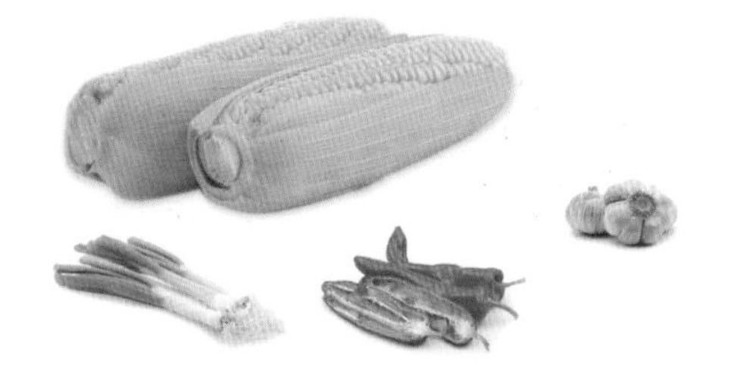

食材处理

❶ 将洗净的红椒切开，切丝，再切成粒。

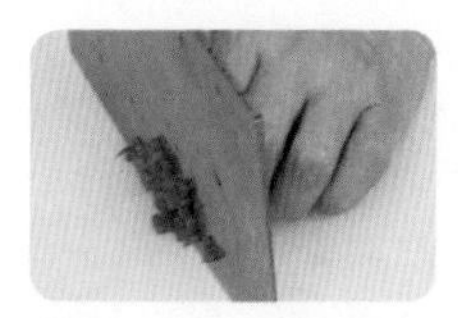

❷ 将洗净的葱切成葱花。

做法演示

❶ 锅中加入约 1000 毫升清水烧开，加盐拌匀。

❷ 倒入玉米粒，拌匀，煮约 1 分钟至熟。

❸ 将煮好的玉米粒捞出来。

❹ 将玉米粒盛入盘中；撒上淀粉拌匀。

❺ 热锅注油，烧至五成热，倒入玉米粒，炸片刻。

❻ 当玉米粒炸至米黄色后，捞出。

❼ 锅底留油，倒入蒜末、红椒炒香。

❽ 倒入玉米粒，加入椒盐。

❾ 加入葱花、味精炒匀。

❿ 加少许芝麻油。

⓫ 快速炒匀。

⓬ 盛出装盘即可。

食物相宜

健脾养胃，助消化

玉米

菜花

营养均衡

玉米

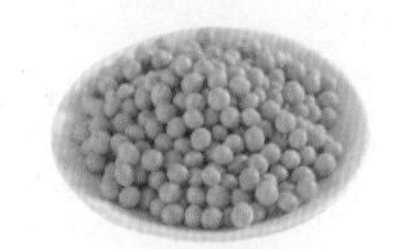

大豆

养生常识

★ 食用玉米时，应保留玉米粒的胚尖部分，因为玉米的许多营养都集中在这里。

茄汁年糕

6 分钟 开胃消食
酸辣 一般人群

年糕，取其谐音“年高”，寓意“年年攀高”，是一种节日美食。年糕多以糯米为原料，不但味道香甜可口，而且营养丰富，还具有强身祛病的作用。西红柿饱满多汁，番茄汁鲜香酸甜，鲜红的汁液融入嫩白的年糕中，红白相间，香糯酸甜。新年里，做一盘酸酸甜甜的茄汁年糕，能让家人们在大快朵颐的同时，也感受到新的希望。

材料

年糕	200 克
西红柿	150 克
红椒片	20 克
青椒片	20 克
葱花	5 克
蒜末	5 克

调料

番茄汁	50 毫升
白糖	4 克
水淀粉	适量
食用油	适量

食材处理

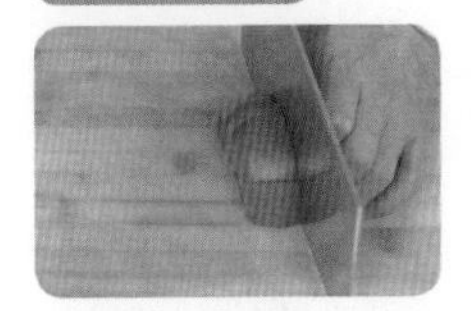

❶将洗好的西红柿切成块。

❷将洗好的年糕切块。

做法演示

❶锅中注水烧开，倒入年糕煮约 4 分钟至熟软。

❷捞出煮好的年糕，沥干装盘。

❸起油锅，倒入蒜末、青椒片、红椒片炒香。

❹放入西红柿块，拌炒均匀。

❺倒入番茄汁。

❻加入白糖。

❼倒入年糕炒匀。

❽加入少许水淀粉勾芡。

❾淋入少许食用油。

❿快速拌炒均匀。

⓫起锅，盛入盘中。

⓬撒上葱花即成。

食物相宜

降压、健胃消食

西红柿

芹菜

补虚降脂

西红柿

酸奶

小白菜炒平菇

2分钟　增强免疫力
清淡　老年人

小白菜富含多种维生素和矿物质，味道鲜美可口，素有“菜中之王”的美称；平菇含有菌糖、甘露醇糖等营养成分，可增强体质。鲜嫩的小白菜和平菇炒着吃，不需要烦琐复杂的工序和调料，只需要蒜片、葱段、红椒丝添香增色，以及盐、味精、白糖调味即可。成菜清淡爽口、芳香四溢、让人迷恋。

材料		调料	
平菇	150 克	盐	2 克
小白菜	100 克	水淀粉	10 毫升
蒜片	5 克	味精	1 克
葱段	5 克	白糖	2 克
红椒丝	20 克	食用油	适量

做法演示

❶ 热锅注油，倒入蒜片爆香。

❷ 倒入洗净的小白菜。

❸ 倒入洗净的平菇翻炒均匀。

❹ 加入适量盐、味精、白糖，炒匀调味。

❺ 加入少许水淀粉勾芡。

❻ 淋入少许熟油翻炒均匀。

❼ 放入红椒丝、葱段。

❽ 拌炒至熟透。

❾ 盛出装入盘中即可食用。

小贴士

- 平菇适宜炖汤食用，这样营养流失较少。
- 要选择个体完整、无虫蛀、无异味的平菇。
- 平菇放置在干燥阴凉处可长期保存，鲜品可用保鲜膜封好放置在冰箱中保存 1 周左右。
- 小白菜不宜生食，食用前应先用水焯。
- 用小白菜制作菜肴，炒、熬时间不宜过长，以免损失营养。
- 选购小白菜时以外表青翠、叶片完整的为佳，叶片萎烂、枯黄则不宜选购。
- 小白菜洗净后用保鲜膜封好置于冰箱中可保存 1 周左右。

食物相宜

强身健体

平菇

青豆

防癌抗癌

平菇

口蘑

提高免疫力

平菇

西蓝花

菌菇油麦菜

2分钟　降低血脂
清淡　高脂血症者

油麦菜能生吃又能熟吃，口感鲜嫩，其茎叶中含有莴苣素，具有镇痛催眠、降低胆固醇和辅助治疗神经衰弱的作用。平菇脆嫩肥厚、气味清香，常食可改善人体新陈代谢。平菇与油麦菜搭配，不仅营养丰富，而且鲜美爽口，还带点特有的清甜味道，很是讨人喜欢。

材料

油麦菜	250克
平菇	100克
蒜末	5克
红椒丝	20克

调料

盐	3克
水淀粉	10毫升
鸡精	1克
料酒	3毫升
食用油	适量

食材处理

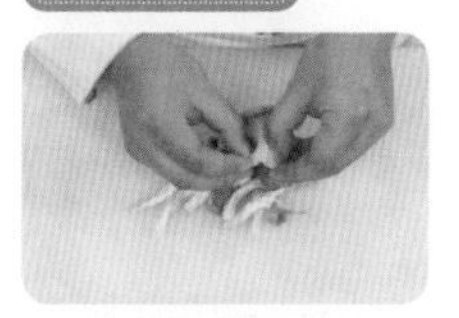

❶ 将洗净的平菇撕成瓣，装入盘中备用。

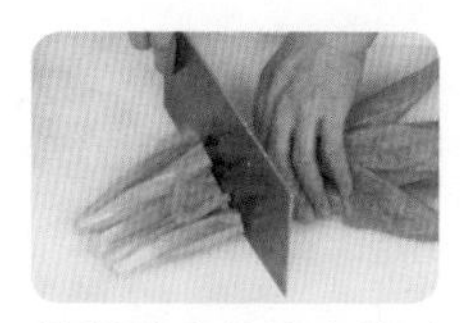

❷ 将洗净的油麦菜对半切开。

做法演示

❶ 锅中注入适量食用油，烧热后倒入平菇略炒。

❷ 倒入蒜末、红椒丝炒匀。

❸ 放入油麦菜梗，翻炒片刻。

❹ 放入油麦菜叶翻炒至熟。

❺ 加入盐、鸡精、料酒翻炒。

❻ 炒匀调味。

❼ 加入少许水淀粉勾芡。

❽ 继续翻炒片刻至完全熟透。

❾ 起锅，盛入盘中摆好即成。

小贴士

- 油麦菜对乙烯极为敏感，储藏时应远离苹果、梨、香蕉，以免诱发赤褐斑点。
- 烹制油麦菜时，海鲜酱油、生抽不能放得太多，否则成菜会失去清淡的口味。

食物相宜

有利于营养吸收

平菇

豆腐

提高免疫力

平菇

韭黄

滋补强身

平菇

鸡蛋

三鲜莲蓬豆腐

6分钟　增强免疫力
甜　儿童

豆腐营养丰富，素有“植物肉”之美称，有补中益气、清热润燥的作用。三鲜莲蓬豆腐是一道以造型取胜的菜品，形如莲房，鲜嫩醇香，浇上鲜黄的橙汁，不仅令“莲房”蘸上了酸甜的橙味，更是将一道简单的菜品点缀成了一幅明艳的荷塘美景，令人赏心悦目、垂涎欲滴，让人想马上一饱口福了。

材料		调料	
豆腐	500克	盐	3克
青豆	50克	白醋	3毫升
橙汁	50克	白糖	1克
香菜叶	适量	水淀粉	适量
		食用油	适量

食材处理

❶ 用模具将洗净的豆腐压出花形生坯。

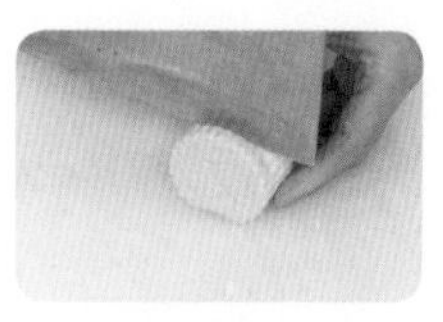

❷ 把豆腐生坯切成 1 厘米厚的片。

❸ 锅中加清水烧开，加油、盐拌匀。

❹ 倒入洗净的青豆，煮约 1 分钟。

❺ 捞出煮熟的青豆。

❻ 用工具在豆腐生坯上压出数个小孔。

❼ 把青豆放入生坯孔内。

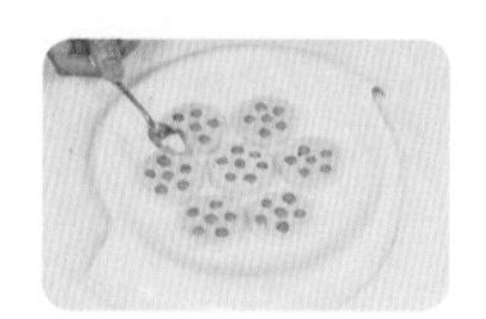

❽ 撒上少许盐。

做法演示

❶ 将豆腐放入已烧开水的锅中。

❷ 加盖，蒸约 2 分钟至熟。

❸ 取出蒸熟的豆腐。

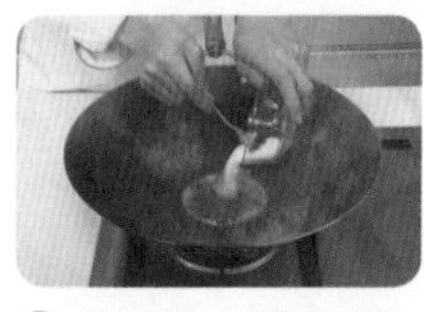

❹ 起油锅，倒入少许白醋，加白糖。

❺ 倒入橙汁拌匀。

❻ 加水淀粉勾芡，注入熟油拌匀。

❼ 将芡汁浇在豆腐块上。

❽ 最后点缀上香菜叶即可。

食物相宜

补钙

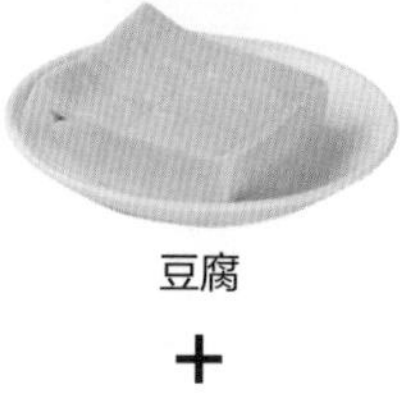

豆腐

+

鱼

防治便秘

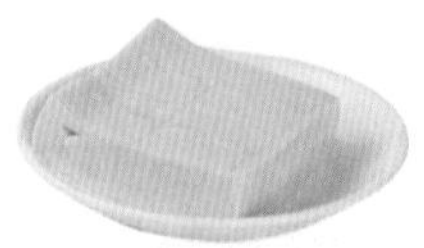

豆腐

+

韭菜

翡翠豆腐

3分钟　清热解毒
清淡　儿童

翡翠豆腐中主料豆腐、莴笋都是健康的绿色食品，这道菜不仅有莴笋的高维生素，还有豆腐的优质蛋白质，营养丰富，老少咸宜，具有润肌护肤、养肝健胃的作用。吃腻了大鱼大肉，来盘翡翠豆腐，翠绿透白、清新淡雅，既有豆腐的鲜嫩厚实，又有莴笋的清脆爽口，还有色泽鲜亮的甜椒加以点缀，堪称完美之作。

材料

豆腐	200克
莴笋	100克
彩椒丁	少许
蒜末	5克

调料

盐	3克
鸡精	2克
蚝油	3毫升
老抽	3毫升
芝麻油	适量
水淀粉	适量
食用油	适量

食材处理

❶取一部分去皮洗净的莴笋切片。

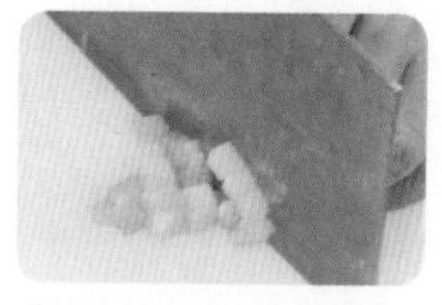

❷将剩余的莴笋切成丁。

❸将洗净的豆腐切成块。

❹锅中注入清水，加盐、食用油烧开。

❺倒入莴笋片，焯煮约 1 分钟至熟。

❻将煮好的莴笋捞出摆盘。

❼将豆腐倒入锅中，焯煮约 2 分钟至熟。

❽将煮好的豆腐捞出备用。

做法演示

❶热锅热油，倒入蒜末、彩椒丁、莴笋丁。

❷加入焯水的豆腐块炒匀。

❸注入适量清水烧开。

❹放入盐、鸡精。

❺倒入蚝油、老抽，拌匀后大火煮沸。

❻加少许水淀粉拌匀。

❼淋入芝麻油，拌匀收汁。

❽关火，装盘即成。

食物相宜

润肺止咳

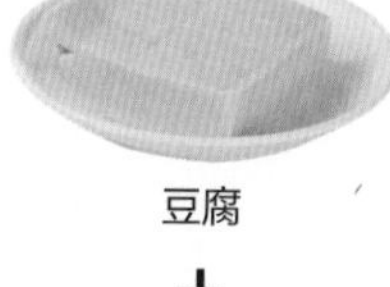

豆腐

+

生姜

降血脂、降血压

豆腐

香菇

金针菇日本豆腐

3 分钟　清热解毒
清淡　儿童和老人

日本豆腐营养丰富，味道香甜，口感清爽，有降压、化痰、消炎、美容的作用；金针菇富含人体必需氨基酸，且含锌量丰富，有助于儿童身体和智力的发育，被誉为“增智菇”。这道菜，色泽鲜亮、爽滑酥嫩的日本豆腐带着丝丝蛋香，与金针菇的菌香相得益彰，吃起来口感顺滑，味道鲜美，着实令人回味无穷！

材料

日本豆腐	200 克
金针菇	100 克
姜片	5 克
蒜末	5 克
胡萝卜片	20 克
葱白	5 克
葱叶	5 克

调料

淀粉	10 克
盐	3 克
料酒	3 毫升
鸡精	2 克
味精	1 克
蚝油	3 毫升
水淀粉	适量
白糖	2 克
老抽	3 毫升
食用油	适量

食材处理

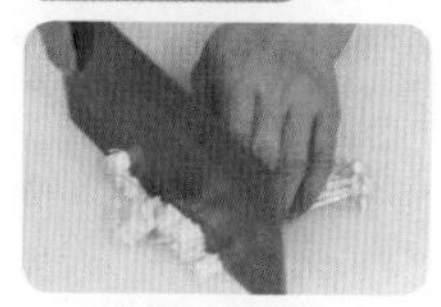

❶ 把洗净的金针菇切去根部。

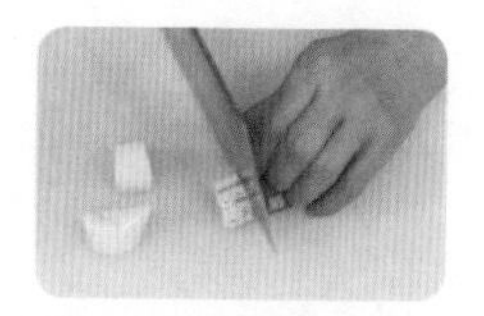

❷ 把日本豆腐切棋子段，去掉外包装。

❸ 把切好的日本豆腐装入盘中，撒上淀粉。

❹ 热锅注油，烧至六成热，放入豆腐，用锅铲轻轻地翻动。

❺ 炸约 1 分钟，至表皮呈金黄色后捞出备用。

做法演示

❶ 锅底留油，倒入姜、蒜、胡萝卜片、葱白，爆香。

❷ 倒入金针菇炒匀。

❸ 加入少许料酒炒香，再加入少许清水煮沸。

❹ 加入蚝油、盐、味精、白糖、鸡精、老抽，炒匀调味。

❺ 倒入日本豆腐。

❻ 拌炒均匀。

❼ 加水淀粉勾芡。

❽ 撒入葱叶炒匀。

❾ 盛出装盘即可。

养生常识

★ 金针菇能有效地增强人体的免疫力，促进体内新陈代谢，有利于食物中各种营养素的吸收和利用，对人的生长发育也大有益处。

食物相宜

健脑益智

金针菇

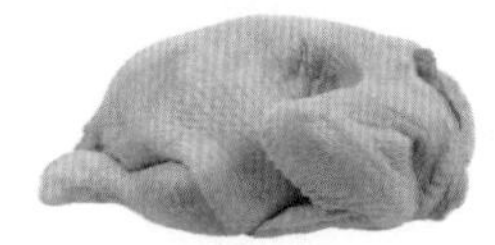

鸡肉

降脂降压

金针菇

+

豆腐

抗秋燥

金针菇

芹菜

第3章

浓香畜肉，色诱的味道

人们多爱肉的浓香。餐桌之上，肉类菜品像一块磁石总产生巨大的吸引力，它们能帮助人们快速补充体力、获得蛋白质。肉类烹调的技法也是层出不穷。切得细碎的适合下饭，切成大块的吃得过瘾，无论多么挑剔的食客，都能在这里找到慰藉。

雪里蕻肉末

4分钟 瘦身排毒
咸香 女性

雪里蕻是越冬蔬菜，因雪天诸菜冻损，唯此菜独青，故得此名。雪里蕻通常作为腌菜和梅干菜食用，烧肉、做汤均可，咸香味十足。新鲜雪里蕻常用来炒肉末，鲜嫩可口，非常下饭。雪里蕻还是减肥的绿色食物代表，因富含胡萝卜素和多种维生素，能增进食欲、帮助消化，促进体内积存废物排出，从而净化身体。

材料

雪里蕻	350克
肉末	60克
蒜末	5克
红椒圈	20克

调料

盐	3克
料酒	3毫升
鸡精	1克
味精	1克
老抽	3毫升
水淀粉	适量
食用油	适量

食材处理

❶ 将洗净的雪里蕻切小段。

❷ 锅中倒入清水，加油煮沸，倒入雪里蕻。

❸ 拌煮约 1 分钟至熟软捞出。

❹ 将雪里蕻放入清水中浸泡片刻。

❺ 滤出备用。

做法演示

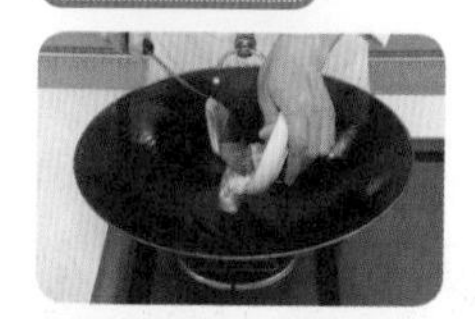

❶ 锅中注油烧热，倒入肉末翻炒至变白。

❷ 加料酒和老抽炒匀。

❸ 倒入蒜末、红椒圈炒匀。

❹ 倒入雪里蕻炒匀。

❺ 加入盐、鸡精、味精炒匀。

❻ 加入水淀粉勾芡。

❼ 加入少许熟油拌炒均匀。

❽ 盛入盘内。

❾ 装好盘即可。

食物相宜

清热除烦、开胃

雪里蕻

百合

有助于钙的吸收

雪里蕻

+

猪肝

养生常识

★ 雪里蕻还含有大量的抗坏血酸（维生素 C），是活性很强的还原物质，参与机体重要的氧化还原过程，能增加大脑中氧含量，激发大脑对氧的利用，有提神醒脑、解除疲劳的作用。

榄菜肉末蒸豆腐

5分钟 增强免疫力
鲜 一般人群

橄榄菜是潮汕地区所特有的风味小菜，取橄榄甘醇之味、芥菜丰腴之叶煎制而成，色泽乌艳，油香浓郁，美味诱人。肉末蒸豆腐本是一道非常普通的家常菜，橄榄菜的加入，赋予了这道菜鲜美的口味。细细咀嚼，齿颊留香，别有一番“踏花归去马蹄香”的韵味。拌入米饭，就只能听见狼吞虎咽的声音，美味的诱惑真是让人无法抵挡！

材料

豆腐	300克
肉末	200克
橄榄菜	50克
葱花	少许

调料

盐	3克
味精	2克
老抽	3毫升
料酒	3毫升
食用油	适量

做法演示

❶ 将豆腐切成 5 厘米长 ×3 厘米宽 ×2 厘米高的长方块。

❷ 起油锅，倒入肉末炒匀。

❸ 加老抽、料酒翻炒至熟。

❹ 加味精、盐调味。

❺ 倒入橄榄菜炒匀，盛出。

❻ 豆腐撒上盐。

❼ 放上炒熟的肉末。

❽ 转到蒸锅。

❾ 加盖蒸 3 分钟。

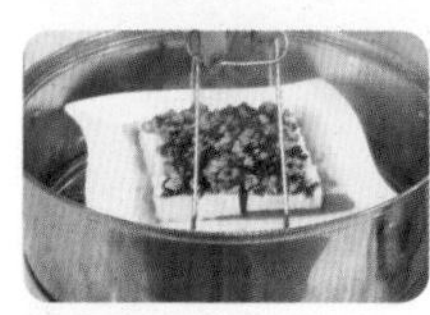

❿ 取出蒸好的豆腐。

⓫ 撒上葱花。

⓬ 淋入热油即成。

小贴士

✪ 将橄榄压破，浸去涩汁或煮熟后再浸在水里两天，可以让涩汁沥去。

养生常识

★ 豆腐中含有多种皂角苷，而皂角苷可促进碘的排泄，容易引起碘缺乏，所以经常吃豆腐者，应该适当增加碘的摄入。

食物相宜

补钙

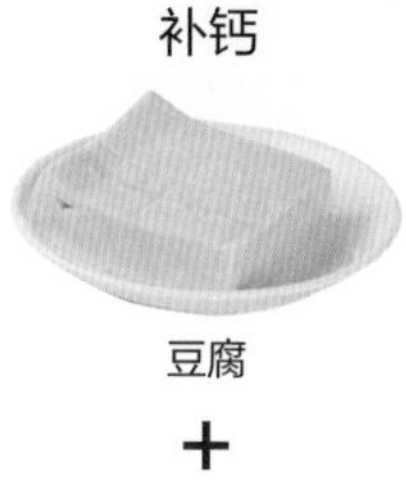

豆腐 + 鱼

防治便秘

豆腐

+

韭菜

煎酿三宝

10 分钟　降压降糖
鲜　高血压病者

煎酿三宝，即酿苦瓜、酿茄子、酿辣椒，是客家特色菜。酿苦瓜微苦鲜香，不仅有清热解毒、明目去火、开胃消食之效，还可暖胃益气。喜欢吃辣椒的人更是不能错过酿辣椒这道菜，吃起来不但有肉的鲜香，还夹杂着辣椒的淡淡香气，让人久久回味。酿茄子的造型比较像肉夹馍，茄香与肉香交融在一起，风味独特，香而不腻。

材料

苦瓜	150 克
茄子	100 克
肉末	100 克
青椒	80 克
蒜末	5 克
葱花	5 克

调料

盐	5 克	生抽	3 毫升
水淀粉	10 毫升	淀粉	适量
鸡精	3 克	食用碱	适量
老抽	3 毫升	芝麻油	适量
味精	1 克	蚝油	3 毫升
白糖	2 克	食用油	适量
料酒	5 毫升		

食材处理

❶将茄子洗净，去皮，切双飞片。

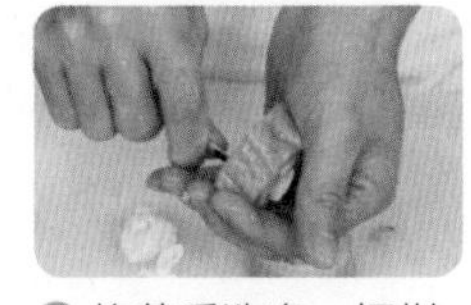
❷将苦瓜洗净，切棋子状；将瓜瓤取出。

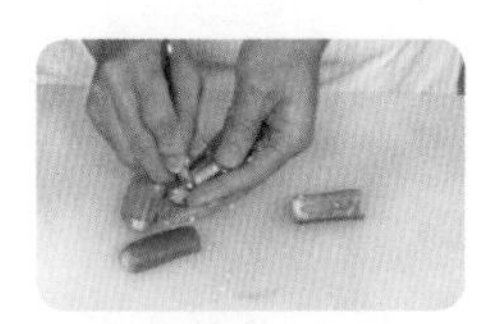
❸将青椒洗净，切段，再分切成两片，去籽。

❹肉末加鸡精、盐、生抽、淀粉拍打起浆。

❺淋入少许芝麻油搅拌均匀。

❻锅中注水烧开，加食用碱，放入苦瓜。

❼焯煮约 1 分钟至熟，捞出备用。

❽将已撒上淀粉的茄片酿入肉末。

❾将已撒上淀粉的苦瓜塞入肉末。

❿将青椒片酿入肉末，装入盘中。

⓫锅中注油烧至五成热，放入酿茄子。

⓬炸约 1 分钟至熟透，捞出备用。

做法演示

❶锅留油放酿青椒，慢火煎至肉熟，捞出。

❷放入酿苦瓜，慢火煎至两面金黄。

❸倒入蒜末。

❹加少许清水，淋入料酒煮沸。

❺加鸡精、老抽、蚝油炒匀调味。

❻放入炸过的酿茄子、酿青椒、酿苦瓜。

❼加盐、味精、白糖调味。

❽将煮好的材料盛出装盘。

❾原汁加少许水淀粉勾芡，淋入熟油拌匀。

❿将稠汁浇在盘中的三宝上。

⓫撒上葱花即成。

年糕炒腊肉

2分钟　健身祛病
咸　一般人群

腊肉，历经风吹日晒、饱吸自然精华而成，咸香油润，这正是时间赋予的美食，总在年关将近之时粉墨登场；年糕，年节之时待客佳品，有着美好的寓意——“年年攀高”。因此，年糕炒腊肉就成了春节餐桌上不可缺少的美食。这道菜重在煸炒的过程，经烈火的作用，年糕饱吸腊肉的咸香、胡萝卜的清甜而变得晶莹润透、鲜美软糯，令人赞不绝口！

材料		调料	
年糕	200克	盐	2克
腊肉	200克	味精	1克
生姜片	5克	白糖	2克
葱段	5克	料酒	3毫升
胡萝卜片	20克	食用油	适量

食材处理

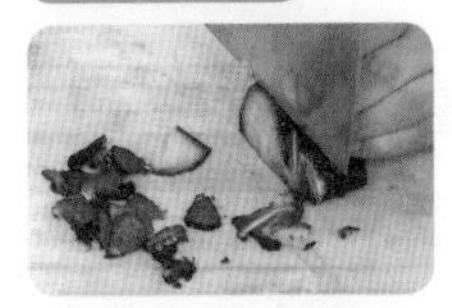

❶将洗好的腊肉切成片。

❷将洗净的年糕切块。

❸锅中倒入适量清水烧开，放入腊肉。

❹煮 2 分钟至熟后捞出。

❺倒入切好的年糕。

❻煮 1 分钟至熟后捞出备用。

做法演示

❶热锅注油，倒入腊肉煸炒出油。

❷放入生姜片和葱段拌匀。

❸倒入年糕、胡萝卜片，拌炒均匀。

❹加入盐、味精、白糖；再淋入料酒炒匀。

❺撒入剩余葱段拌炒均匀。

❻盛出装盘即成。

小贴士

✪ 煮稀饭时，放入年糕块称为年糕稀饭，做早餐既好吃又耐饥。

✪ 蒸米饭时，放上几块年糕，待饭好后直接食用，米香扑鼻。

食物相宜

促进消化
增强体质

腊肉

青椒

健脑益智

腊肉

金针菇

养生常识

★ 年糕主要成分为糯米，所以胃病患者不宜多食。

★ 腊肉含有磷、钾、钠、脂肪、蛋白质、碳水化合物等营养物质。

★ 腊肉有开胃祛寒、消食的作用。

白菜梗炒香肠

3分钟　美容养颜
咸香　女性

大白菜永远都是冬季餐桌上的主角，白菜梗脆生清甜，清欢有味，真是不吃菜梗不知菜之味。若不喜食清淡味，不妨加些香肠，腊味特有的熏香配上白菜梗的清甜，白里透红，清淡却不失风味。尤其是白菜梗吸收了肉汁后，汁多味香、鲜美无比，让食者满嘴留香。

材料

白菜梗	150克
香肠	70克
蒜末	5克
红椒片	20克
葱段	5克

调料

盐	3克
味精	1克
白糖	2克
水淀粉	适量
食用油	适量

食材处理

❶ 将洗净的白菜梗切小片。

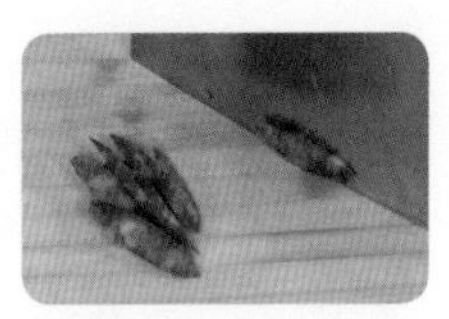

❷ 将洗好的香肠切成斜片。

做法演示

❶ 锅中注油，烧热，倒入香肠炒出油。

❷ 倒入白菜梗，拌炒均匀。

❸ 倒入蒜末、红椒片、葱段，拌炒约 1 分钟至熟。

❹ 加盐、味精、白糖，炒匀，再加入水淀粉拌匀。

❺ 撒入葱段炒匀。

❻ 盛入盘内即成。

小贴士

- 购买时，宜挑选包得紧实、新鲜、无虫害的大白菜。
- 白菜可以腌渍成酸菜贮存。
- 切白菜时，宜顺丝切，这样白菜易熟。
- 新鲜质量好的香肠，肠衣干燥不发霉，无黏液，肠衣和肉馅紧密相连在一起，表面紧有弹性，切面结实，色泽均匀，周围和中心一致，脂肪白色，无灰色斑点，精肉色红，具有芳香味。

食物相宜

预防乳腺癌

白菜

黄豆

补充营养，通便

白菜

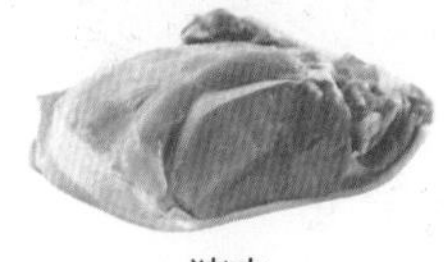

猪肉

豆香排骨

17 分钟　益气补血
咸香　女性

黄豆酱是用黄豆炒熟磨碎后发酵而成，酱香浓郁、味鲜醇厚，可用于烹制各种菜肴。将黄豆酱拌入排骨，覆上保鲜膜，放入微波炉中蒸熟。在密闭的空间里，黄豆酱的酱香、排骨的鲜香合于一处，久而弥香，吃起来丝丝入味、咸甜适口。大快朵颐之后，别忘了品一杯清香爽口的大麦茶，解腻、暖胃！

材料

排骨	300 克
姜片	5 克
蒜末	5 克
葱花	5 克

调料

盐	3 克
鸡精	1 克
黄豆酱	30 克
淀粉	适量
料酒	5 毫升
食用油	适量

食材处理

❶ 将洗净的排骨斩成块。

❷ 把切好的排骨装入碗中。

❸ 加入准备好的姜片、蒜末。

❹ 加入适量盐、鸡精、料酒，拌匀。

❺ 加入黄豆酱，拌匀。

❻ 加入少许淀粉，搅拌均匀。

❼ 淋入少许食用油，拌匀。

❽ 将拌好的排骨盛入盘中。

❾ 覆上保鲜膜。

做法演示

❶ 把调好味的排骨放入微波炉中。

❷ 选择“蒸排骨”功能，时间设定为 16 分钟。

❸ 待排骨蒸熟，打开微波炉门，取出排骨。

❹ 去掉保鲜膜。

❺ 撒上葱花即成。

食物相宜

滋养生津

排骨 + 西洋参

抗衰老

排骨

+

洋葱

养生常识

★ 黄豆酱富含优质蛋白质，烹饪时不仅能增加菜品的营养价值，而且蛋白质在微生物的作用下会生成氨基酸，可使菜品呈现出更加鲜美的滋味，有开胃助食的作用。

菠萝苦瓜排骨汤

75分钟　开胃消食
鲜　一般人群

“夏季暑湿，适宜清补”，意味着夏天要多吃些甘凉性酸的食物，少吃肥腻食品。苦瓜具有清热去火、解乏清心的作用；菠萝具有止渴除烦的作用。这道菜一丝丝甜与一丝丝苦相得益彰，完美覆盖了排骨的腥腻，甘苦酸甜、清新开胃，夏季食用正当时。对于“无肉不欢一族”来说，那叫一个爽快！

材料

排骨	400克
苦瓜	150克
菠萝肉	150克
姜片	10克

调料

盐	3克
料酒	3毫升
鸡精	3克
胡椒粉	适量

食材处理

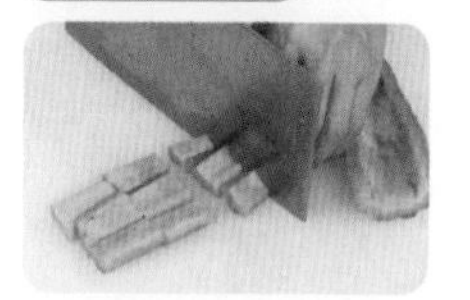

❶ 将苦瓜洗净，去籽、瓤；切条，切成 3 厘米长的段。

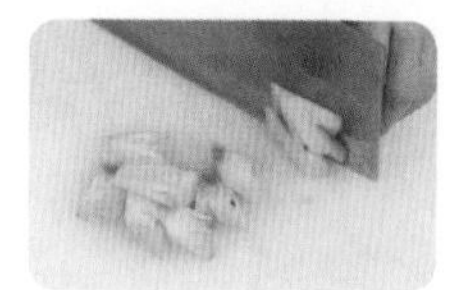

❷ 将菠萝肉切块。

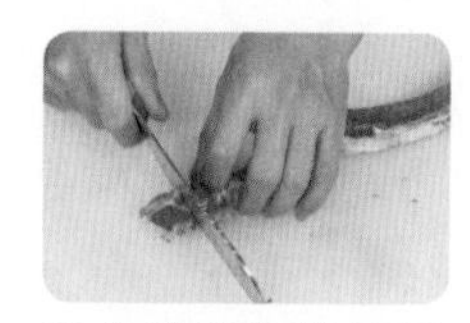

❸ 将洗净的排骨斩成段。

做法演示

❶ 锅中加约 1000 毫升清水，倒入排骨，烧开。

❷ 加料酒拌匀，大火煮约 10 分钟，捞去浮沫。

❸ 将煮好的排骨捞出，汤弃之不用。

❹ 锅中另加约 1000 毫升清水烧开，倒入排骨。

❺ 加入切好的苦瓜、姜片，加料酒。

❻ 放入菠萝拌匀，煮沸。

❼ 将煮好的菠萝、苦瓜和排骨捞出。

❽ 将材料转到砂锅，置于旺火上烧开。

❾ 改用小火，加盖炖 1 个小时。

❿ 揭盖，加盐、鸡精、胡椒粉调味。

⓫ 用勺子拌匀。

⓬ 关火，端下砂锅即可食用。

食物相宜

治疗肾炎

菠萝

茅根

促进蛋白质吸收

菠萝

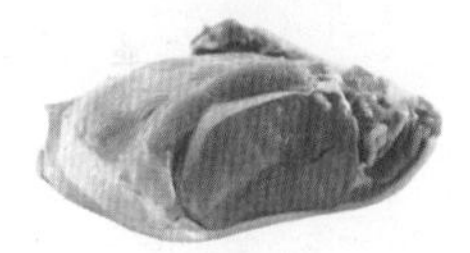

猪肉

提高免疫力

菠萝

鸡肉

咸菜肥肠

3分钟　开胃消食
咸　一般人群

咸菜肥肠是潮汕家常菜的经典菜式，下饭下酒都很赞。肥肠脆爽滑口、香味独特，筋道富有嚼劲的口感让人欲罢不能。配以红椒及潮汕地区特有的咸菜，去味、提香、增色。咸菜质地软嫩，香、甜、酸、辣、咸五味俱全，美味适口、风味尤佳，用来下饭再合适不过。

材料

咸菜	200克
熟肥肠	150克
红椒	20克
姜片	5克
蒜末	5克
葱段	5克

调料

盐	2克
白糖	2克
味精	1克
蚝油	3毫升
料酒	5毫升
老抽	3毫升
水淀粉	适量
食用油	适量

食材处理

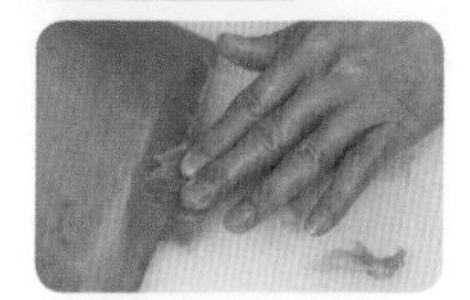

❶ 将洗好的咸菜切成片。

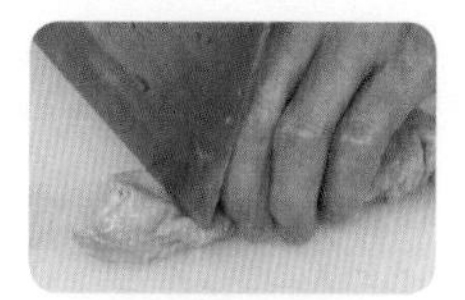

❷ 将肥肠切块。

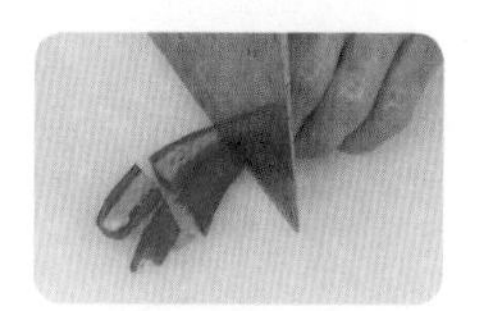

❸ 将洗净的红椒切片。

❹ 锅中加清水烧开，放入咸菜。

❺ 煮沸后捞出。

做法演示

❶ 热锅注油，倒入姜片、蒜末、红椒、葱段。

❷ 倒入肥肠炒香。

❸ 加料酒、老抽上色。

❹ 放入咸菜翻炒 1 分钟至熟透。

❺ 加味精、盐、白糖、蚝油调味。

❻ 用水淀粉勾芡。

❼ 淋入熟油拌匀。

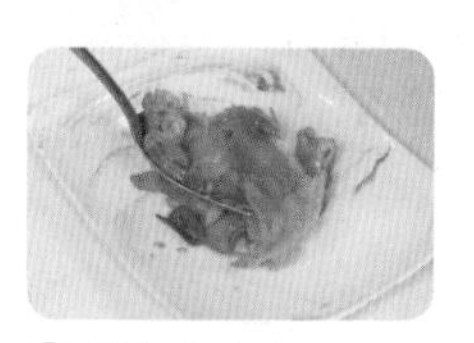

❽ 盛入盘中。

❾ 装好盘即可。

食物相宜

增强免疫力

肥肠

+

香菜

健脾开胃

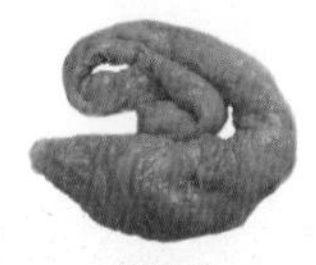

肥肠

+

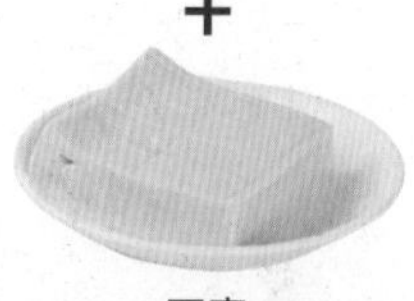

豆腐

养生常识

★ 吃咸菜可以调节胃口、增强食欲、补充膳食纤维。

★ 新鲜蔬菜在腌渍时，所含的维生素 C 几乎会全消失，因而咸菜的营养价值远比鲜菜要低。更严重的是，咸菜中含有较多亚硝酸盐，进入人体后会生成致癌物亚硝胺，让人食用时总有后顾之忧。

西芹炒猪心

3分钟　降压降糖
清淡　高血压患者

自古就有“以脏补脏”的说法，猪心富含蛋白质、钙、磷、铁、维生素等营养成分，脂肪含量极少，具有安神定惊、养心补血的作用。西芹含有铁、锌等微量元素，有平肝降压、镇静安神的作用。将西芹与猪肝搭配，香味浓郁、口感香嫩、润滑爽口。当如此美妙的滋味经由味蕾直抵心扉时，瞬间会有一种通体舒畅的奇妙感觉。

材料

西芹	70克
猪心	70克
姜片	少许
葱段	少许

调料

料酒	适量
盐	适量
味精	适量
白糖	适量
淀粉	适量
食用油	适量

食材处理

❶ 将洗净的西芹切成小段。

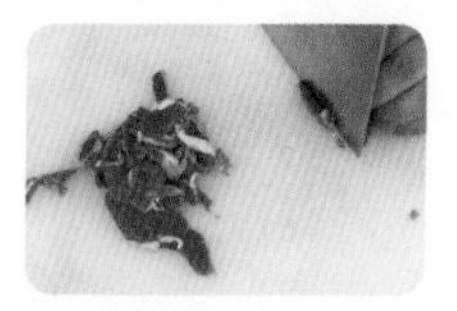

❷ 将洗净的猪心切成片。

❸ 把切好的猪心放入盘中，加入料酒。

❹ 加入少许盐、味精。

❺ 用筷子拌匀。

❻ 倒入淀粉，腌渍10 分钟。

做法演示

❶ 热锅注油，倒入猪心翻炒至断生。

❷ 倒入姜片、葱段。

❸ 放入西芹炒熟，加盐、味精、白糖炒匀。

❹ 倒入少许水淀粉。

❺ 拌炒均匀使其充分入味。

❻ 盛入盘中即成。

小贴士

✪ 买回猪心后，立即在少量面粉中“滚”一下，放置 1 小时左右，然后再用清水洗净，这样烹炒出来的猪心味美纯正。

食物相宜

抗衰老

西芹

+

花生

降低血压

西芹

茭白

养生常识

★ 猪心味甘咸、性平，归心经。

★ 猪心可养血安神、补血，用于惊悸、怔忡、自汗、不眠等症。

猪肺炒山药

2分钟　养心润肺
鲜　女性

“燥”是秋季最明显的特点，要想去燥，应进食些滋阴润肺的食物。山药含有皂苷、黏液质，有润滑、滋润的作用；猪肺含钙、磷、铁、维生素等营养成分，有补虚、止咳、止血的作用，尤其适合肺虚久咳者食用。将山药、猪肺同炒，鲜香适口，有补虚润肺的作用。

材料

猪肺	200克
山药	100克
洋葱片	10克
青椒片	20克
红椒片	20克
蒜末	5克
姜片	5克

调料

盐	3克
味精	1克
鸡精	1克
蚝油	3毫升
白醋	3毫升
水淀粉	适量
料酒	5毫升
食用油	适量

食材处理

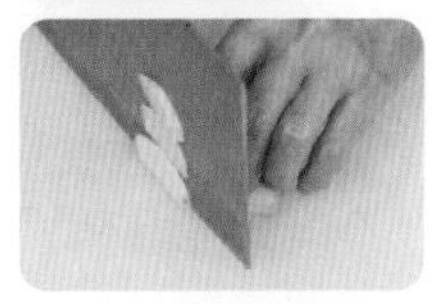

❶将已去皮洗净的山药切片。

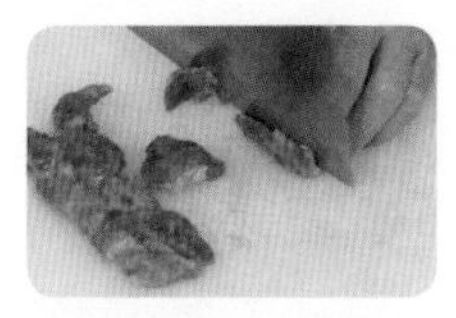

❷把处理干净的猪肺切片。

❸锅中注水烧开，加少许白醋，倒入山药。

❹煮约1分钟至熟，捞出。

❺猪肺倒入锅中。

❻大火煮约5分钟至熟后捞出。

做法演示

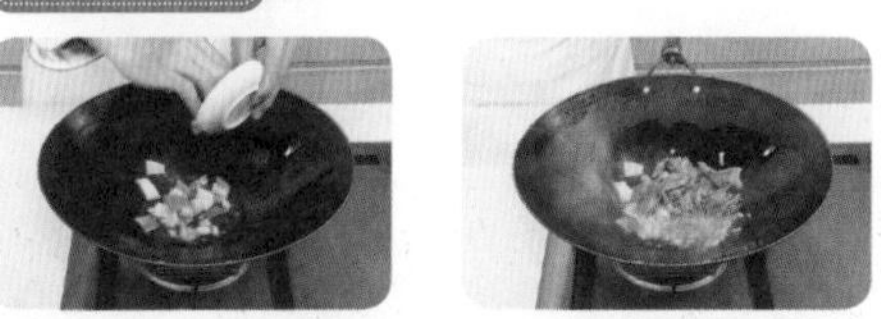

❶热锅注油，倒入蒜、姜、青椒、红椒、洋葱。

❷倒入猪肺拌炒片刻。

❸淋入少许料酒翻炒均匀。

❹倒入煮好的山药。

❺加蚝油、盐、味精、鸡精炒约1分钟入味。

❻加少许水淀粉勾芡。

❼淋入熟油，拌炒均匀。

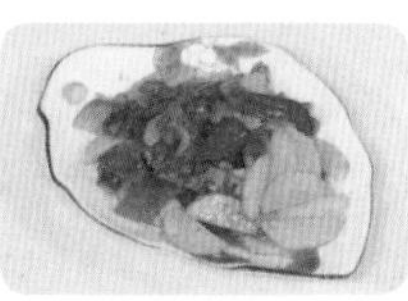

❽盛入盘中即可。

食物相宜

预防骨质疏松

山药

+

芝麻

补血养颜

山药

+

红枣

猪肺菜干汤

65分钟　养心润肺
鲜　老年人

猪肺菜干汤是一道很传统的广东靓汤，具有止咳润肺的作用。猪肺有补虚、止咳的作用；菜干富含膳食纤维和矿物质，食用后能消除内火、清热益肠。将猪肺、菜干合炖成汤，再加少许有生津润肺之功的罗汉果，不仅增味而且增效。在干燥的秋季，赶紧来一碗猪肺菜干汤，润润你的肺吧！

材料

猪肺	300克
菜干	100克
姜片	少许
罗汉果	少许

调料

盐	3克
味精	1克
鸡精	2克
料酒	5毫升
猪油	适量

食材处理

❶ 将洗好的菜干切成段。

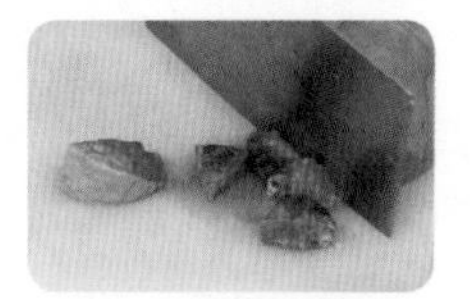

❷ 把洗净的猪肺切成块。

❸ 锅中注入适量清水烧开，倒入菜干。

❹ 煮沸后捞出菜干。

❺ 倒入猪肺，加盖煮约 3 分钟至熟透。

❻ 捞出猪肺用清水冲洗净。

做法演示

❶ 锅置旺火，加猪油烧热，倒入姜片爆香。

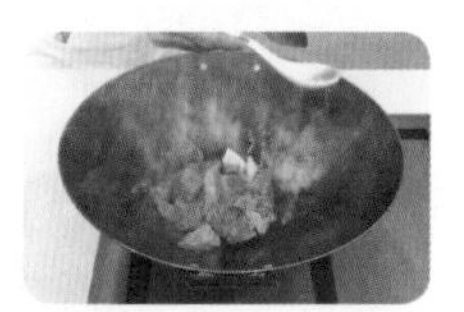

❷ 倒入猪肺，加入料酒炒匀。

❸ 注入适量清水，加盖煮沸。

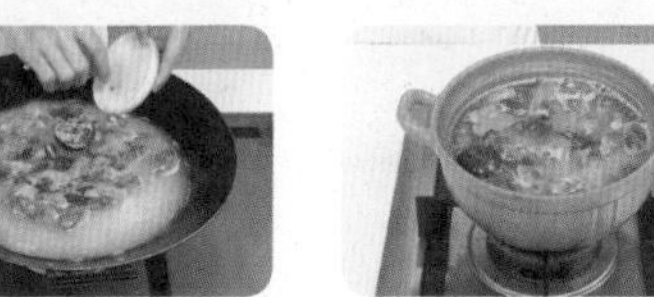

❹ 倒入菜干和洗好的罗汉果煮沸。

❺ 将煮好的食材倒入砂锅。

❻ 加盖，大火烧开后改小火炖 1 小时。

❼ 揭盖，加入盐、味精、鸡精调味。

❽ 端出砂锅即成。

食物相宜

煮粥食用，可改善咳嗽症状

猪肺

+

白萝卜

改善咯血症状

猪肺

+

白芨

养生常识

★ 凡肺气虚弱如肺气肿、肺结核、哮喘、肺痿等患者，以猪肺作为食疗之品，最为有益。

★ 猪肺具有补肺、止咳、止血的作用，主治肺虚咳嗽、咯血等症。

芥蓝炒牛肉

2分钟　降压降糖
苦　高血压病患者

芥蓝和牛肉，是经典搭配。芥蓝清淡爽脆、爽而不硬、脆而不韧，以炒食最佳；牛肉鲜嫩，软滑间肉香浓郁；再搭配点姜片、葱白、蒜末、红椒片，提味去腥。这样一盘荤素搭配、营养均衡的佳肴就可以上桌了。翠绿油亮的芥蓝，嫩滑鲜香的牛肉，无论是在视觉上还是味觉上，对人都是一种诱惑。

材料

芥蓝	200克
牛肉	150克
姜片	5克
葱白	5克
蒜末	5克
红椒片	20克

调料

盐	3克
味精	1克
生抽	3毫升
白糖	2克
蚝油	3毫升
淀粉	适量
料酒	5毫升
水淀粉	适量
食用油	适量

食材处理

❶ 将洗好的芥蓝切段。

❷ 把洗净的牛肉切成片。

❸ 牛肉加盐、生抽搅拌均匀。

❹ 倒入水淀粉拌匀。

❺ 放入适量淀粉、味精和食用油腌渍10分钟。

❻ 锅中倒入清水烧开，加少许食用油、盐煮沸。

❼ 倒入芥蓝。

❽ 焯至断生后捞出。

❾ 倒入牛肉。

❿ 焯至断生后捞出。

⓫ 热锅注油，烧至四成热，倒入牛肉。

⓬ 滑油片刻捞出。

做法演示

❶ 锅留底油，倒入蒜末、姜片、葱白、红椒爆香。

❷ 倒入芥蓝炒匀。

❸ 加料酒炒香。

❹ 放入牛肉，翻炒片刻至熟透。

❺ 加蚝油、盐、味精、白糖调味。

❻ 用水淀粉勾芡。

❼ 淋入熟油拌匀。

❽ 盛出即成。

苦瓜炒牛肉

10 分钟　清热解暑
苦　一般人群

苦瓜味苦，但清凉解渴、清热解毒，是夏天菜式的宠儿。不喜欢它的人，是因为它味苦；喜欢它的人，又唯独喜欢它的苦味。苦瓜炒牛肉是一道传统又经典的粤菜，也是一道很不错的下饭菜，苦瓜的苦味不会混到肉里，肉的鲜香却能渗入苦瓜里，令苦瓜口感丰富、饱满，清新怡人。

材料

牛肉	300 克
苦瓜	200 克
豆豉	适量
姜片	5 克
蒜末	5 克
葱白	5 克

调料

盐	3 克
生抽	3 毫升
水淀粉	适量
料酒	5 毫升
淀粉	适量
白糖	2 克
蚝油	5 毫升
食用油	适量

食材处理

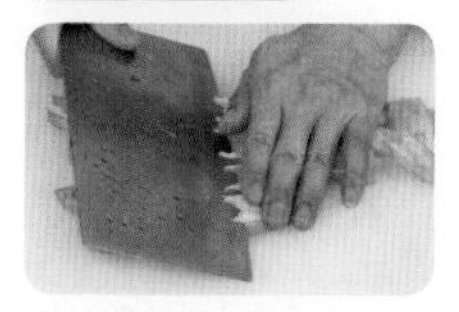

① 将洗净的苦瓜切开,去瓤、籽,斜刀切片。

② 将洗净的牛肉切片。

③ 牛肉片加入少许淀粉、盐、生抽拌匀。

④ 加入淀粉拌匀，再淋入少许食用油，腌渍 10 分钟。

⑤ 锅中注入约 1500 毫升清水烧开。

⑥ 倒入苦瓜，拌匀。

⑦ 煮沸至断生后捞出备用。

⑧ 另起锅，加清水烧开，倒入牛肉。

⑨ 焯至转色捞出。

⑩ 热锅注油，烧至五成热，放入牛肉，用锅铲搅散。

⑪ 当牛肉炸至金黄色后，捞出。

做法演示

① 锅留底油，倒入豆豉、姜片、葱白、蒜末爆香。

② 倒入牛肉，再倒入苦瓜炒匀。

③ 加入蚝油、盐、白糖、料酒炒匀，调味。

④ 加入水淀粉勾芡。

⑤ 加少许熟油炒匀。

⑥ 盛入盘内即可。

食物相宜

排毒瘦身

苦瓜

+

辣椒

延缓衰老

苦瓜

+

茄子

咖喱牛肉

3分钟　益气补血
咸香　女性

咖喱是由多种香料调配而成的酱料，咸鲜微辣，受到很多人的喜爱，用于做菜非常容易上手，而且每一种咖喱菜肴都很好吃。用咖喱烹制牛肉，色泽金黄、鲜香浓烈，仅闻闻香味就让人垂涎欲滴了。拌着米饭吃，咖喱的浓郁香味、牛肉的酥烂口感强劲地刺激着味蕾，让人欲罢不能。

材料

牛肉	300克
土豆	50克
洋葱	50克
红椒	20克
姜片	5克
蒜末	5克

调料

咖喱膏	10克
盐	5克
生抽	4毫升
白糖	3克
味精	2克
料酒	5毫升
淀粉	适量
水淀粉	适量
食用油	适量

食材处理

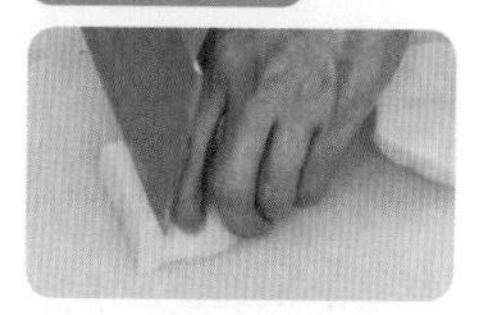

❶把洗净的土豆切片。

❷将洗净的洋葱切片。

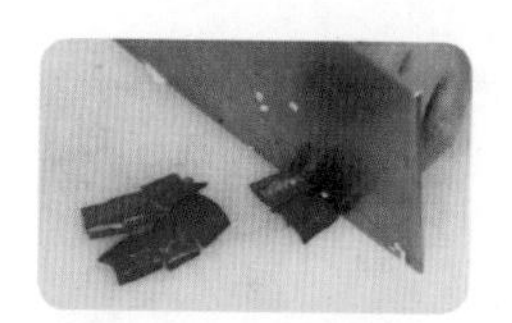

❸将洗净的红椒去籽，切成片。

❹将洗净的牛肉切片后放入碗中。

❺碗中加入淀粉、盐、生抽、味精拌匀。

❻淋入少许水淀粉拌匀。

❼注入适量食用油，腌渍 10 分钟。

❽锅中注入适量食用油，烧热，放入土豆。

❾炸片刻后捞出沥油备用。

❿倒入腌好的牛肉片。

⓫滑油片刻后，捞出备用。

做法演示

❶锅底留少许油烧热，倒入姜片、蒜末爆香。

❷倒入洋葱、红椒、土豆炒匀。

❸放入牛肉炒匀，淋入少许料酒炒匀。

❹倒入咖喱膏，翻炒至入味。

❺加盐、味精、白糖炒匀。

❻倒入水淀粉炒匀。

❼用中小火炒匀。

❽出锅盛入盘中即可。

牛肉娃娃菜

3 分钟　增强免疫力
辣　一般人群

鲜美嫩滑的牛肉与清新微辣的青椒、红椒，铺盖在鲜甜可口的娃娃菜上，色泽诱人、香气四溢，让人忍不住直咽口水。尤其是鲜嫩的娃娃菜在充分吸收了牛肉的鲜美、辣椒的香辣味后，变得汁浓肉嫩，微辣而不油腻，用来拌饭吃，鲜香爽口，真叫一个满足！

材料

娃娃菜	300 克
牛肉	250 克
青椒	15 克
红椒	15 克
姜片	5 克
蒜末	5 克
葱白	5 克

调料

水淀粉	10 毫升
盐	5 克
味精	5 克
白糖	3 克
淀粉	3 克
生抽	3 毫升
料酒	3 毫升
蚝油	3 克
鸡精	1 克
辣椒酱	适量
食用油	适量

食材处理

①将娃娃菜洗净切瓣。

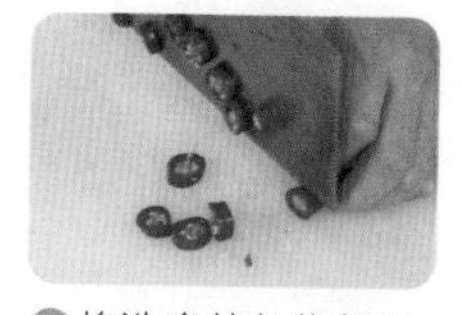
②将洗净的红椒切圈。

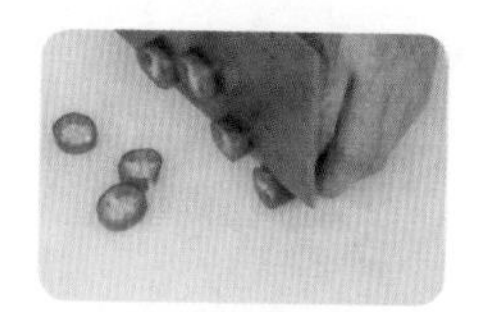
③将洗净的青椒切圈。

④将洗净的牛肉切片。

⑤牛肉片加入少许淀粉、生抽、盐、味精拌匀。

⑥加水淀粉拌匀，加少许食用油腌渍 10 分钟。

⑦锅中加 1000 毫升清水烧开，加盐，倒入娃娃菜焯至断生。

⑧将焯好的娃娃菜捞出来。

⑨用油起锅，倒入娃娃菜炒匀。

⑩淋入料酒，加盐、鸡精炒匀调味。

⑪加水淀粉勾芡。

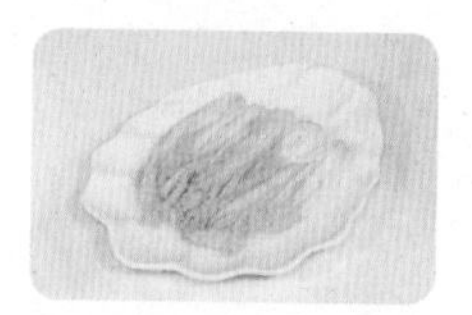
⑫将炒好的娃娃菜盛出装盘。

食物相宜

养血补气

牛肉

+

枸杞子

补脾健胃

牛肉

+

洋葱

做法演示

①用油起锅，倒入姜片、蒜末、葱白爆香。

②倒入腌渍好的牛肉炒匀，淋料酒去腥。

③加蚝油、辣椒酱、盐、白糖、味精炒匀。

④倒入红椒、青椒圈炒匀。

⑤加少许熟油炒匀。

⑥将炒好的牛肉盛在娃娃菜上即可。

豆角炒牛肚

4分钟　保肝护肾
辣　男性

豆角的营养价值很高，尤其适合脾胃虚弱所致的食积、腹胀者食用。将豆角和牛肚随意搭配，让豆角的清香与牛肚的鲜美完美融合在一起，再辅以红椒丝增色、提味，可谓色香味俱全，非常开胃下饭。由于选用的是熟牛肚，所以烹制时不需任何技巧，简简单单几步就可以搞定了。

材料		调料	
豆角	200克	盐	3克
熟牛肚	150克	味精	1克
红椒	30克	蚝油	3毫升
姜片	5克	水淀粉	适量
蒜末	5克	料酒	5毫升
葱白	5克	食用油	适量

食材处理

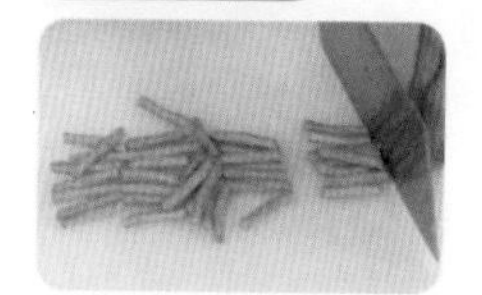
❶将洗净的豆角切成段。

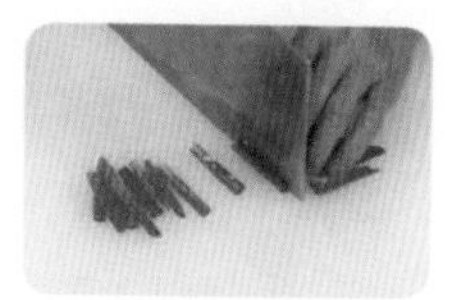
❷将洗好的红椒切成丝。

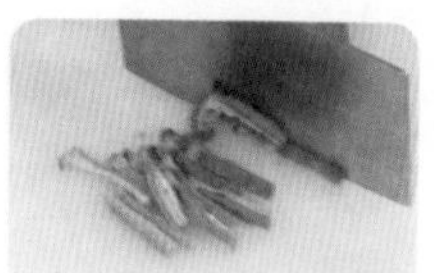
❸将熟牛肚切成丝。

做法演示

❶热锅注油，倒入姜片、蒜末、葱白和牛肚炒匀。

❷在锅中加入料酒炒香。

❸倒入豆角、红椒丝，加入少许清水焖煮1分钟。

❹加盐、味精、蚝油翻炒约1分钟至熟。

❺加入少许水淀粉勾芡，加入熟油拌匀。

❻盛入盘内即可。

小贴士

- 选购牛肚时要注意，特别白的毛肚是用双氧水、甲醛泡制三四天才变成白色的。用工业烧碱泡制的毛肚个体饱满，非常水灵，使用甲醛可使毛肚吃起来似乎更脆，口感好。但双氧水能腐蚀人的胃肠，导致胃溃疡。长期食用被这些有毒物质浸泡的毛肚，将会患上胃溃疡等疾病，严重时可致癌。用甲醛泡发的牛肚，会失去原有的特征，手一捏毛肚很容易碎，加热后会迅速萎缩，应避免食用。

食物相宜

补脾健胃

牛肚

莲子

开胃消食

牛肚

金针菇

浓汤香菇煨牛丸

4分钟　增强免疫力
鲜　儿童

古有“牛肉补气，功同黄芪”的说法，牛肉丸有补中益气、滋养脾胃、强健筋骨的作用。香菇素有“植物皇后”之美誉，无论炒或者煮汤都很香浓，常吃还可提高身体免疫力。这道菜中的香菇滑嫩鲜香，肉丸肉嫩汁甜，浓汤香气沁人。在寒冷的冬日，与家人一同分享此汤，香在嘴里，暖在心间。

材料		调料	
牛肉丸	350克	盐	3克
香菜	15克	味精	1克
鲜香菇	50克	鸡精	1克
口蘑	20克	料酒	5毫升
姜片	5克	浓汤	适量

食材处理

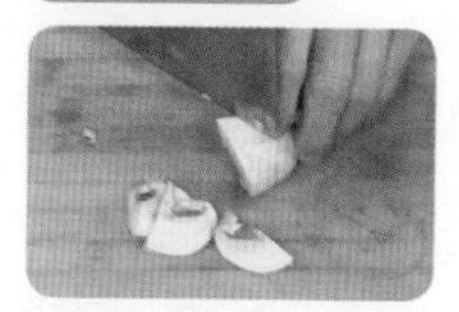

❶将洗好的口蘑、香菇切成小块。

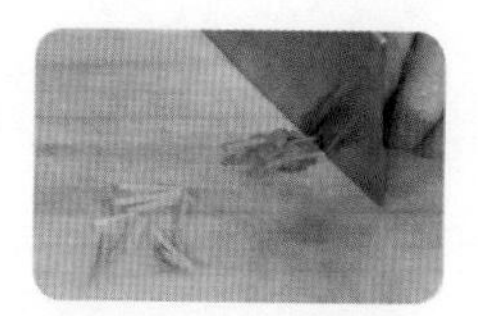

❷将洗净的香菜切成段。

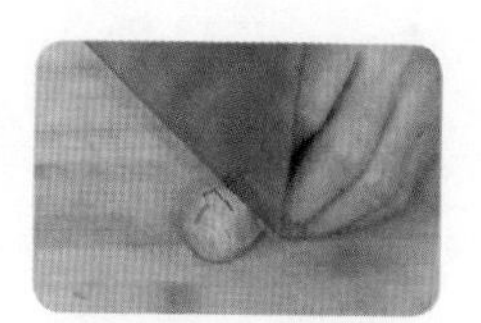

❸把洗净的牛肉丸切上“十”字花刀。

❹锅中注油烧至五成热，倒入牛肉丸。

❺滑油片刻后，捞出沥油备用。

做法演示

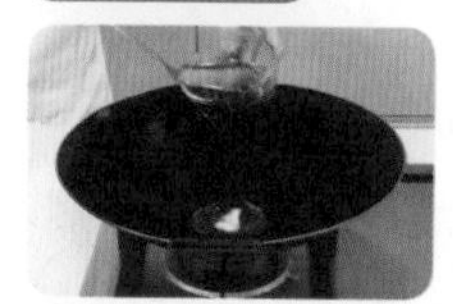

❶锅留底油，放入姜片，倒入料酒。

❷倒入浓汤。

❸汤煮沸后下入牛肉丸。

❹加盖，大火烧开。

❺揭盖，倒入洗好的香菇和口蘑。

❻加入盐、味精、鸡精拌匀，煮1～2分钟至熟。

❼撒入备用香菜段。

❽盛入碗中即成。

食物相宜

补气养血

香菇

牛肉

利尿通便

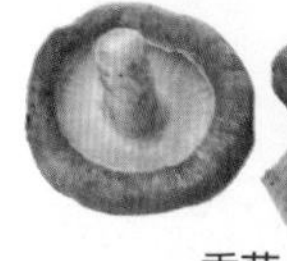

香菇

莴笋

第4章

美味禽蛋，食补之佳肴

禽肉和蛋类是生活中的常见食材，它们营养丰富，在市场中也很容易购买到，既可单独成菜，也可与其他食材混搭，做出极美的味道。本章将为你介绍那些好吃、好做的禽蛋类菜式，多一分营养，多一分鲜香，让你吃到忘情。

咖喱鸡块

12 分钟　开胃消食
咸香　一般人群

做咖喱鸡块非常容易上手，将咖喱拌入肉质鲜嫩的鸡块，用热油炒至微焦溢油，加入土豆块、洋葱片，炒至微软，颜色亮丽、鲜香浓烈。鲜香嫩滑的鸡块充分吸收了咖喱的精华，吃上一口，连空气中都弥漫着咖喱的辛辣香甜。此时此刻，食欲已被充分激发，餐桌上风卷残云的一幕又将上演。

材料

鸡肉	500 克
洋葱	50 克
土豆	50 克
青椒	20 克
红椒	20 克
蒜末	5 克
姜片	5 克
葱段	5 克

调料

生抽	5 毫升
料酒	5 毫升
盐	2 克
味精	1 克
白糖	2 克
老抽	3 毫升
水淀粉	适量
咖喱膏	适量
淀粉	适量
食用油	适量

食材处理

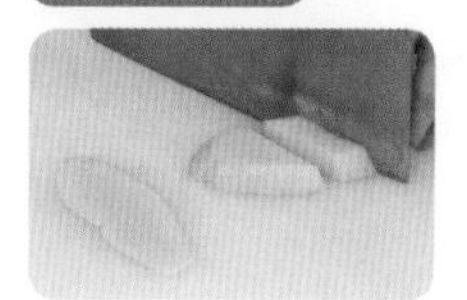

❶将去皮洗净的土豆切块。

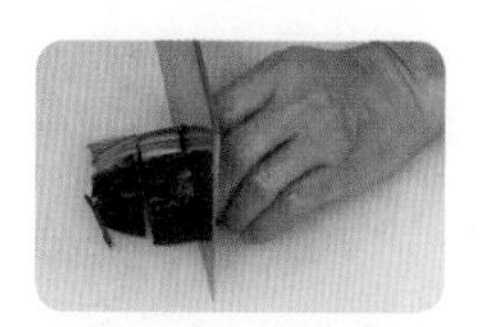

❷将洗好的洋葱切片。

❸将洗净的青椒切片。

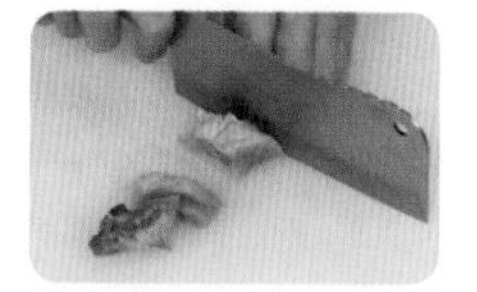

❹将洗净的红椒切片。

❺把洗净的鸡肉斩成块。

❻鸡肉加生抽、料酒、盐、味精、淀粉腌 10 分钟。

做法演示

❶热锅注油，烧至三成热，放入土豆。

❷炸至金黄色捞出。

❸倒入鸡块，炸至断生捞出。

❹锅中留油，放入蒜、姜葱、青椒、红椒、洋葱爆香。

❺倒入鸡块炒匀。

❻加入咖喱膏、料酒炒香。

❼加土豆、水、味精、白糖、老抽、盐煮 3 分钟。

❽用水淀粉勾芡，淋入熟油拌匀。

❾盛出即可。

食物相宜

补五脏、益气血

鸡肉

+

枸杞子

生津止渴

鸡肉

+

人参

鸡蓉酿苦瓜

10分钟　清热解毒
清淡　一般人群

苦瓜含有一种有效成分，可阻止脂肪和多糖的吸收。鸡蓉营养丰富、滋味鲜美，易于被人体消化吸收，有强壮身体的作用。一个苦瓜，一块鸡胸肉，再加少许红椒片，便能轻松做成一道滋补瘦身的美食。对于爱美的女生来说，可是上等佳品！还等什么，赶紧动手做吧！

材料

鸡胸肉	250 克
苦瓜	200 克
红椒	20 克

调料

淀粉	适量
盐	2克
味精	1克
白糖	2克
鸡精	1克
水淀粉	适量
食用油	少量

食材处理

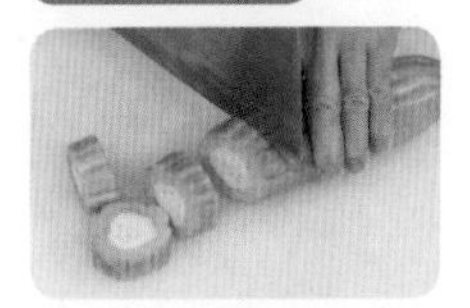

❶ 把洗净的苦瓜切成均等长度的小段。

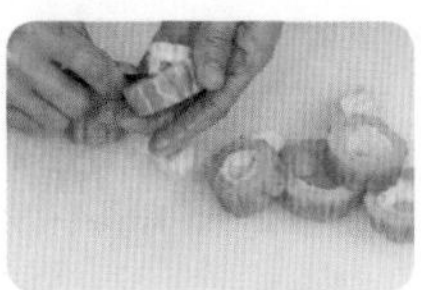

❷ 挖去苦瓜籽。

❸ 将红椒切菱形片备用。

❹ 将鸡肉剁成肉蓉。

❺ 鸡蓉加盐、味精、白糖拌约 2 分钟至白糖融化。

❻ 加入淀粉，拍打至起浆。

做法演示

❶ 热水锅加淀粉和油烧开，下入苦瓜，焯约 2 分钟。

❷ 用漏勺捞起，沥干备用。

❸ 将焯好的苦瓜抹淀粉、塞鸡肉蓉，捏紧，摆入盘。

❹ 依此做完其余的苦瓜段，再摆好红椒片。

❺ 将盘子放入蒸锅。

❻ 加盖蒸约 7 分钟至熟。

❼ 用铁夹子取出蒸好的苦瓜。

❽ 锅注油加水、味精、鸡精、盐、水淀粉制成芡汁。

❾ 将芡汁浇在苦瓜上即可。

食物相宜

排毒瘦身

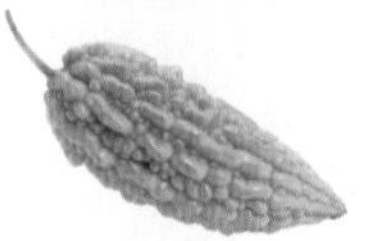

苦瓜

辣椒

延缓衰老

苦瓜

+

茄子

菠萝鸡丁

5分钟　增强免疫力
清淡　一般人群

美味佳肴不是凭空出来的，而是由每种食材加上巧妇们的头脑构思所创造出来的。鲜嫩多汁的菠萝肉，香嫩可口的鸡胸肉，再辅以红椒、青椒，即可烹制出一道让人垂涎的美食。菠萝鸡丁不仅颜色漂亮动人，味道也酸甜鲜美，老人小孩都喜爱。品尝的是美食，感受到的是浓浓生活情致。

材料

鸡胸肉　300克
菠萝肉　200克
青椒　20克
红椒　20克
蒜末　5克
葱白　5克

调料

番茄汁　适量
白糖　2克
盐　3克
水淀粉　适量
味精　1克
食用油　适量

食材处理

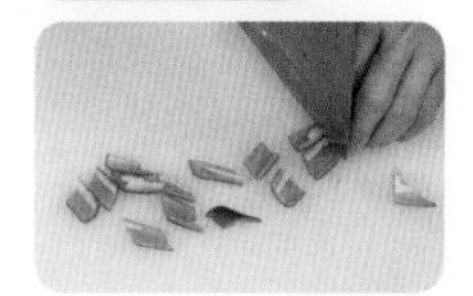

❶ 将洗净的青椒切成小片。

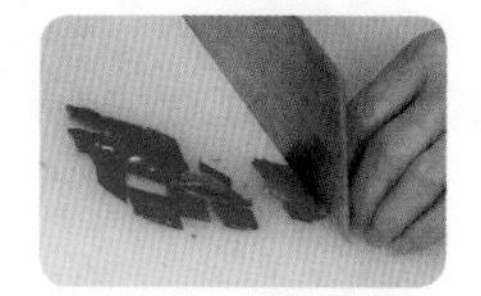

❷ 将洗净的红椒切成小片。

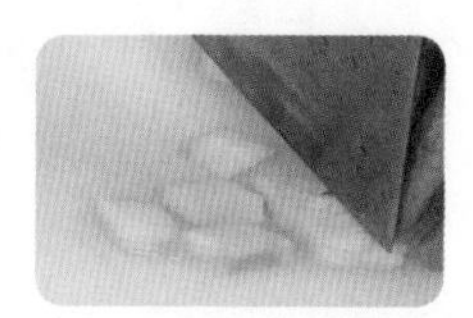

❸ 将洗净的菠萝肉切大片，再改切成小丁。

❹ 将处理干净的鸡胸肉切成丁。

❺ 鸡肉加盐、水淀粉、味精、油，腌渍约 10 分钟。

做法演示

❶ 热锅注油，烧至四成热。

❷ 倒入鸡丁，滑油片刻捞出。

❸ 锅底留油，加入蒜末、葱白。

❹ 倒入切好的青椒、红椒。

❺ 放入切好的菠萝炒匀，注上少许水煮沸。

❻ 加番茄汁、白糖和少许盐调味。

❼ 倒入鸡丁用水淀粉勾芡，淋入熟油拌匀盛出。

❽ 装好盘即可。

食物相宜

补五脏、益气血

鸡胸肉

枸杞子

生津止渴

鸡胸肉

人参

促进食欲

鸡胸肉

芽菜

南瓜蒸滑鸡

16分钟	降压降糖
甜	老年人

南瓜蒸滑鸡是比较适合春夏做的一道菜肴，少了炒菜时的油烟困扰且不失美味，营养也在蒸的过程中最大限度地保留下来。以软糯香甜的南瓜铺底，鲜香滑嫩的鸡块置于南瓜之上，再撒上翠绿的葱花增色添彩，令人赏心悦目。用营养又美味的汤汁拌饭，更是妙不可言。

材料

鸡肉	500克
南瓜	300克
姜片	5克
葱白	5克
葱花	5克

调料

盐	3克
白糖	2克
料酒	5毫升
生抽	5毫升
蚝油	3毫升
鸡精	1克
淀粉	适量
食用油	适量

食材处理

❶ 将去皮洗净的南瓜切成块。

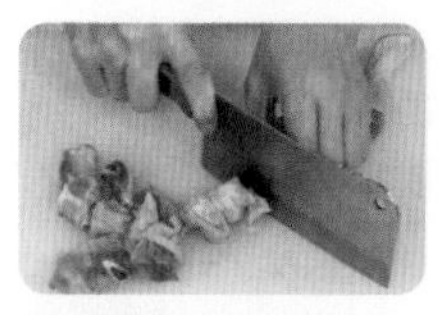

❷ 将洗净的鸡肉斩成块。

❸ 将鸡块盛入碗中，加入葱白、姜片。

❹ 加入生抽、盐、鸡精、蚝油、白糖、料酒拌匀。

❺ 加入淀粉拌匀，倒入油，腌渍 10 分钟。

❻ 将切好的南瓜摆入盘中，铺上腌渍好的鸡块。

做法演示

❶ 把鸡块和南瓜放入蒸锅。

❷ 加盖，中火蒸 15 分钟至熟透。

❸ 揭盖，将蒸好的鸡块和南瓜取出，撒上葱花即可。

小贴士

- 南瓜既可以当主食，也可以当菜。比如北方人喜欢把南瓜当主食，而南方人则拿南瓜炒菜，各种吃法都可以试试。也可以把南瓜当粗粮来吃，南瓜里的膳食纤维含量也很高。

养生常识

★ 南瓜属于黄色蔬菜，含有大量的胡萝卜素，这种物质是维生素 A 的前体，在人体中会进一步转化成维生素 A。维生素 A 能够保护上呼吸道的黏膜，可以预防上呼吸道感染。

食物相宜

美白肌肤

南瓜

+

芦荟

提神补气

南瓜

+

山药

荷叶鸡

12分钟　增强免疫力
鲜　一般人群

荷叶，清香却有点苦味，可清热消暑、去油腻；鸡肉，肉质细嫩、滋味鲜美、营养丰富，能滋补养身。用荷叶包裹鸡肉，入锅隔水蒸熟，取荷叶之清香，增味解腻，诱人食欲，非常适合夏季食用。尤其是揭开锅盖的一瞬间，一股独特的、淡淡的荷叶清香扑面而来，沁人心脾，在这个没有食欲的季节令人胃口大开。

材料

光鸡	450克
生姜片	7克
红枣	4克
干荷叶	3张
葱花	5克
枸杞子	适量

调料

鸡精	1克
盐	3克
蚝油	3毫升
料酒	5毫升
生抽	5毫升
淀粉	适量
食用油	适量

食材处理

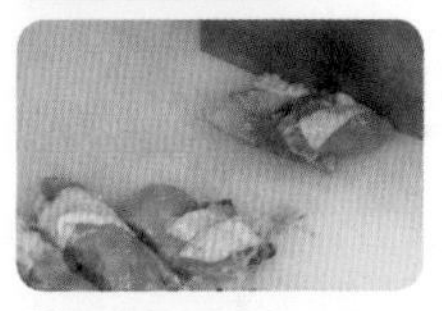

❶ 将鸡爪斩去爪尖，鸡肉斩块。

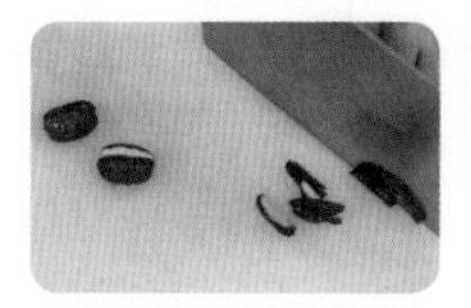

❷ 将洗净的红枣切开，去核切成丝。

❸ 将洗好的荷叶修成大片。

做法演示

❶ 鸡块加鸡精、盐、蚝油、料酒。

❷ 加入适量生抽。

❸ 倒入准备好的姜片、红枣、枸杞子拌匀。

❹ 撒入淀粉拌匀。

❺ 将鸡块放在荷叶上。

❻ 转到蒸锅中。

❼ 加盖蒸 10 分钟。

❽ 蒸熟后揭盖取出。

❾ 撒入备用的葱花，淋入熟油即成。

小贴士

- 荷叶多折成半圆形或扇形，展开后呈类圆形，质脆，易破碎。荷叶有清香气，味微苦。
- 选择荷叶时以叶大、整洁、色绿者为佳。

食物相宜

增强食欲

鸡肉

＋

柠檬

增强记忆力

鸡肉

金针菇

水晶鸡

27 分钟　　增强免疫力

清淡　　一般人群

水晶鸡也称隔水蒸鸡，正如其名，这道菜通透明亮，似水晶般色泽纯正。鸡肉经过水蒸，变得皮滑、肉嫩、骨香，汤汁清淡而鲜美，营养最是丰富。红艳的枸杞子，可补肾益精、养肝明目，享受美味的同时，兼具养生功效。一次没吃完的水晶鸡可冷藏保存，再次食用口感更佳。

材料		调料	
党参	5 克	盐	5 克
枸杞子	2 克	鸡精	1 克
光鸡	1 只		

食材处理

❶ 将鸡精和少许盐拌匀。

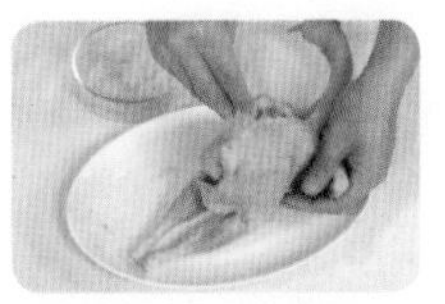

❷ 整鸡内外用调好的鸡精抹匀，再抹上花生油。

❸ 放上枸杞子、党参。

做法演示

❶ 蒸锅加水烧开，放入整鸡。

❷ 以大火蒸 25 分钟至熟。

❸ 揭开盖子。

❹ 取出蒸熟的整鸡。

❺ 淋入原汤汁即成。

小贴士

- 鸡屁股是淋巴腺体集中的地方，含有对人体健康不利的物质，所以不可食用。
- 鸡翅膀食用时应去除尖部一寸。
- 选购时，要注意鸡肉的外观、色泽、质感。一般来说，质量好的鸡肉肉色白里透红，有亮度，手感光滑。
- 鸡肉在肉类食品中是比较容易变质的，所以购买之后要马上放进冰箱里，可以在稍微迟一些的时候或第二天食用。

食物相宜

增强造血功能

鸡肉

板栗

排毒养颜

鸡肉

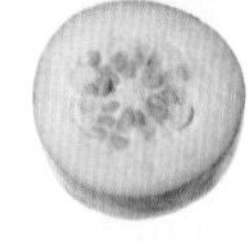

冬瓜

奇味鸡煲

8分钟　增强免疫力
辣　一般人群

据说鸡煲是火锅和广东煲仔制作方法的结合，以麻辣、香辣为主，后来又为满足不能吃辣者的需求，做出了奇味鸡煲。先将鸡肉烹制调味，装入砂锅小火煲至熟。揭开煲盖，滋滋的声响跃然入耳，接着香味扑鼻而来，甚至弥漫了整个厨房。在寒冷的季节里，一份鸡煲吃下来，不仅全身暖和，心里也透着舒坦。

材料

鸡肉	500克
土豆	70克
洋葱	50克
青蒜苗段	20克
青椒	15克
红椒	15克
蒜末	5克
姜片	5克
葱白	5克

调料

盐	3克	海鲜酱	适量
味精	1克	柱侯酱	适量
料酒	5毫升	辣椒酱	适量
鸡精	1克	水淀粉	适量
生抽	5毫升	五香粉	适量
老抽	3毫升	食用油	适量
淀粉	适量		
南腐乳	适量		
芝麻酱	适量		

食材处理

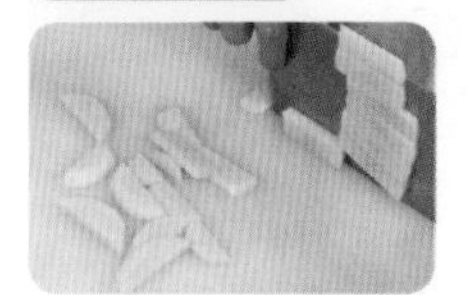

❶ 将已去皮洗净的土豆切片。

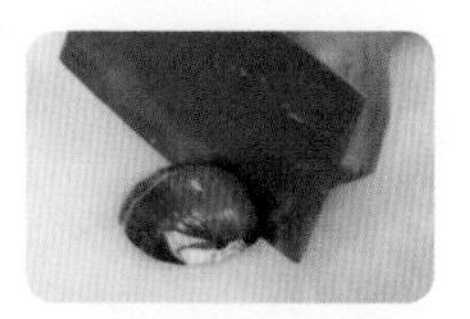

❷ 将洗净的洋葱切片。

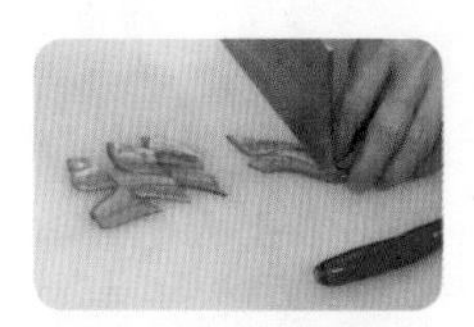

❸ 将青椒、红椒切片。

❹ 把洗好的鸡肉斩成块。

❺ 鸡肉加味精、料酒、生抽、盐、淀粉拌匀腌 10 分钟。

❻ 热锅注油，烧至四成热，倒入鸡块滑油至断生。

做法演示

❶ 锅中留油，倒入姜、蒜、葱、土豆、青椒、红椒、洋葱炒匀。

❷ 加入辣椒酱、柱侯酱、南腐乳、芝麻酱、海鲜酱炒香。

❸ 倒入鸡块翻炒约 1 分钟。

❹ 加少许料酒、老抽、盐、味精、鸡精调味。

❺ 倒入少许清水拌匀，煮沸。

❻ 撒入五香粉拌匀，再加入少许水淀粉拌匀。

❼ 将锅中材料倒入砂锅，加盖小火煲开。

❽ 揭盖，撒入洗好的青蒜苗段。

❾ 端出砂锅即可。

食物相宜

增强食欲

鸡肉

+

柠檬

增强记忆力

鸡肉

+

金针菇

豉酱蒸凤爪

25分钟　美容养颜
辣　女性

豉酱蒸凤爪是在粤菜馆里最常见的一道菜了，那软糯而浓香的滋味，真是令人着迷。鸡爪先焯水、再油炸、接着翻炒、最后隔水蒸，经过一番折腾，变得脱骨入味。吮吸一口，顿时齿颊留香，甚至你会觉得啃骨头也是一种乐趣。鸡爪富含胶原蛋白，多吃不但能降低人体中的血脂和胆固醇，还可美容养颜。

材料		调料	
鸡爪	150克	盐	3克
青椒圈	10克	料酒	5毫升
豆豉	2克	鸡精	1克
蒜末	1克	老抽	3毫升
姜片	5克	白糖	2克
葱条	5克	水淀粉	适量
香叶	适量	淀粉	适量
八角	适量	番茄酱	适量
花椒	适量	食用油	适量
红曲米	适量		

食材处理

❶ 锅中注入清水烧开，倒入鸡爪。

❷ 加入少许淀粉，煮沸后捞出。

❸ 将汆水后捞出的鸡爪加入老抽拌匀上色。

做法演示

❶ 热锅注油，烧至五成热，放入鸡爪。

❷ 盖上锅盖。

❸ 炸约 1 分钟，至呈金黄色时捞出。

❹ 放入清水中浸泡一下，备用。

❺ 锅中注入清水，放姜片、葱条、香叶、八角、花椒、红曲米。

❻ 加入盐、料酒、鸡精、老抽拌匀烧开。

❼ 倒入鸡爪。

❽ 加盖，用慢火煮 10 分钟至入味。

❾ 将卤好的鸡爪盛出。

❿ 将爪尖切去。

⓫ 热油锅中倒入蒜末、豆豉爆香。

⓬ 倒入卤汁和番茄酱拌匀。

⓭ 倒入鸡爪。

⓮ 加入盐、白糖炒匀，中火煮约 1 分钟。

⓯ 加入少许水淀粉勾芡。

⓰ 加入青椒圈炒匀。

⓱ 将鸡爪取出装碟。

⓲ 把鸡爪放入蒸锅。

⓳ 加盖，蒸 10 分钟至熟软。

⓴ 将蒸透的鸡爪取出，摆好盘即可。

虫草花鸡汤

70 分钟　增强免疫力
鲜　男性

虫草花是一种有滋补作用的食材，对增强和调节人体免疫功能、提高人体抗病能力有一定的作用。鸡肉营养丰富，富含卵磷脂、矿物质及多种维生素，有增强体力、强壮身体的作用。用虫草花和鸡肉煲汤，汤美味鲜，汤汁呈褐色而清澈，营养也尽在其中。

材料

鸡肉	400 克
虫草花	30 克
姜片	5 克

调料

盐	2 克
料酒	5 毫升
鸡精	1 克
味精	1 克
高汤	适量

食材处理

❶ 将洗净的鸡肉斩成块。

❷ 锅中注入适量清水，放入鸡块。

❸ 煮开后撇去浮沫，捞出鸡块，过凉水装入盘中。

做法演示

❶ 另起锅，倒入适量高汤，淋入少许料酒。

❷ 加入鸡精、盐、味精。

❸ 搅匀调味并烧开。

❹ 将鸡块放入炖盅内摆好。

❺ 放入姜片、洗好的虫草花。

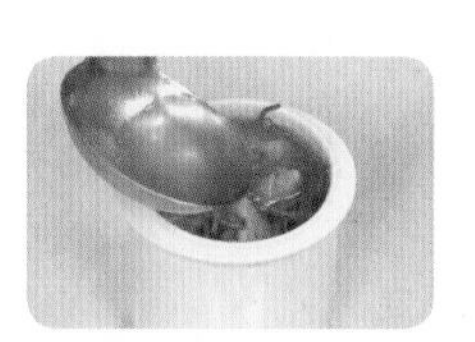

❻ 将调好味的高汤倒入盅内。

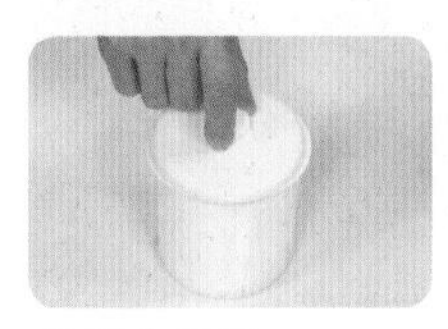

❼ 盖上盖子。

❽ 在炖锅中加适量清水，放入炖盅。

❾ 加盖炖 1 小时。

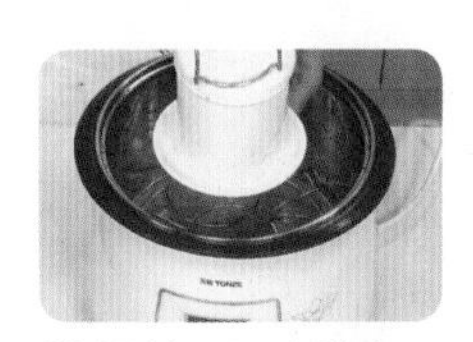

❿ 揭盖，取出炖盅。

⓫ 稍放凉即可食用。

食物相宜

补精益髓

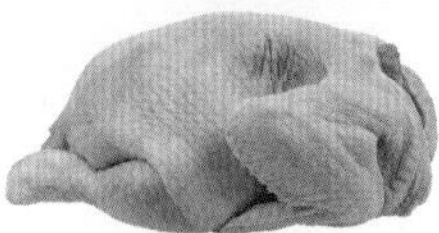

鸡肉

\+

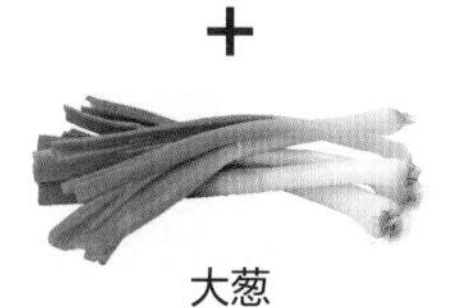

大葱

强中益气

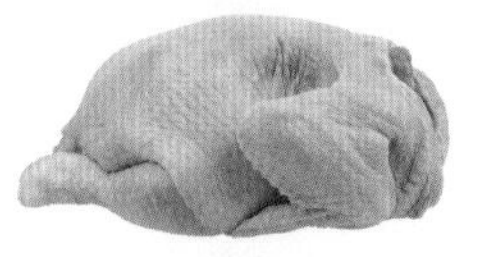

鸡肉

\+

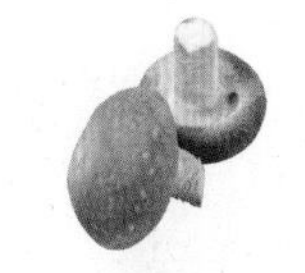

香菇

补气养血

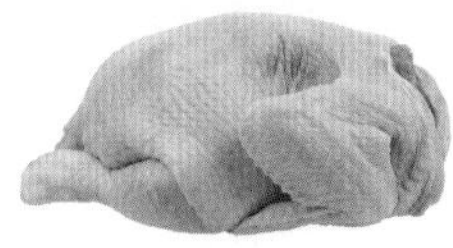

鸡肉

\+

白萝卜

药膳乌鸡汤

65分钟　益气补血
鲜　女性

用乌鸡煲汤一定要用小火慢炖，炖得鸡皮柔软滑糯，入口如爽滑的果冻最是美味。各种药材、食材的加入，充分发挥“药借食力、食助药威”作用，令汤汁更鲜美，营养更丰富。药膳乌鸡汤是一道温补的药膳，滋阴润燥、补中益气，不仅是女人的最爱，也非常适合男性食用。

材料

乌鸡	300克
姜片	3克
党参	5克
当归	3克
莲子	5克
山药	4克
百合	7克
薏米	7克
杏仁	6克
黄芪	4克

调料

盐	2克
鸡精	1克
味精	1克
料酒	5毫升
食用油	适量

食材处理

❶ 将洗净的乌鸡斩成块。

❷ 锅中注水，放入鸡块煮开。

❸ 捞去浮沫，将鸡块捞出，装入盘中备用。

做法演示

❶ 炒锅注油，烧热。

❷ 倒入备好的姜片。

❸ 倒入鸡块。

❹ 淋入少许料酒拌炒均匀。

❺ 倒入适量清水。

❻ 把洗好的中药配料加入锅中。

❼ 用锅勺拌匀。

❽ 加盖，用慢火焖 1 小时。

❾ 揭盖，加入盐、鸡精、味精。

❿ 拌匀调味。

⓫ 起锅，盛入碗内即可食用。

养生常识

★ 食用乌鸡可以提高免疫力、延缓衰老、强筋健骨。对防治骨质疏松、佝偻病、妇女缺铁性贫血症等有明显作用。

★ 乌鸡含有 10 种氨基酸，其蛋白质、维生素 B_2、烟酸、维生素 E、磷、铁、钾、钠的含量比普通鸡更高，而胆固醇和脂肪含量则很少。

食物相宜

促进锌吸收

乌鸡

核桃

养阴、祛热、补中

乌鸡

大米

补血养颜

乌鸡

红枣

白萝卜竹荪水鸭汤

50分钟 降低血脂
清淡 高脂血症患者

鸭肉是进补的优良食品，营养价值很高，尤其适合冬季食用；白萝卜消食益气、解毒生津；竹荪，有“山珍之花”的美誉，有滋补强壮的作用。鲜嫩细腻的鸭肉、散发清香的竹荪、爽滑可口的白萝卜，三者搭配成温润宜人的美味。再撒上些许葱花，又为这碗乳白色的鸭汤平添了几分诱人的姿色。寒冷时节，一碗暖暖的鸭汤入胃，解馋又滋补。

材料		调料	
鸭肉	500克	盐	3克
白萝卜	300克	味精	1克
水发竹荪	30克	鸡精	1克
葱结	5克	胡椒粉	适量
姜片	5克	料酒	5毫升
		食用油	适量

食材处理

❶ 将已去皮洗好的白萝卜切块；将竹荪择去蒂。

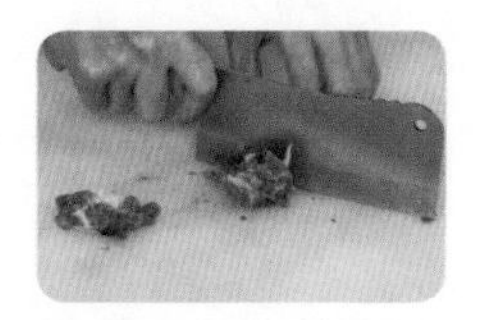

❷ 将洗净的鸭肉斩成块。

❸ 锅中加水烧开，倒入鸭块汆煮约 2 分钟断生后捞出。

做法演示

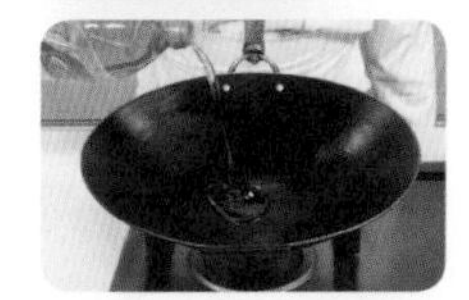

❶ 炒锅注油，烧热。

❷ 用油起锅，放入洗好的葱结、姜片爆香。

❸ 倒入鸭块炒匀。

❹ 淋入料酒炒香。

❺ 加入足量清水，加盖煮沸。

❻ 揭盖，倒入白萝卜和竹荪煮沸。

❼ 将白萝卜、鸭肉、竹荪及汤汁一同倒入砂锅中。

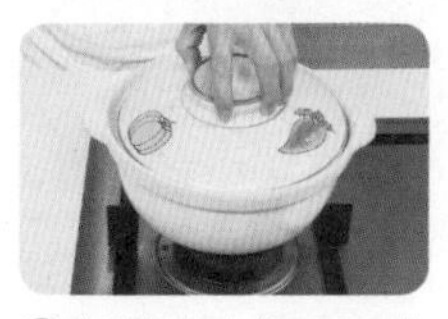

❽ 加盖大火烧开，改小火炖 40 分钟至肉酥软。

❾ 揭盖，捞出浮油。

❿ 加入盐、味精、鸡精、胡椒粉调味。

⓫ 盛入盘内即可。

食物相宜

滋阴润肺

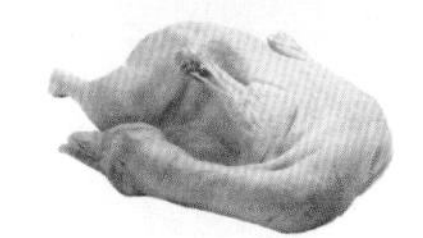

鸭肉

山药

滋润肌肤

鸭肉

金银花

沙参玉竹老鸭汤

80 分钟　增强免疫力
鲜　老年人

俗话说："嫩鸭祛湿，老鸭滋阴，"用于进补、食疗时多选用老鸭，有滋阴补血之功；沙参可滋阴清肺、养胃生津；玉竹，质润多液，有养阴润燥之效。三者合而为汤，再加点生姜健胃又除鸭腥，清润适口。沙参玉竹老鸭汤也是春夏季常食用的滋补汤品，滋阴润燥、美容护肤。

材料

鸭肉	300 克
沙参	5 克
玉竹	5 克
枸杞子	2 克
姜片	5 克
葱段	5 克
葱白	少许

调料

盐	2 克
味精	1 克
料酒	5 毫升
胡椒粉	适量

食材处理

❶ 将鸭肉洗净斩块。

❷ 锅加水，倒入鸭块汆烫断生后捞出，用清水冲洗干净。

做法演示

❶ 在锅中倒入足量清水。

❷ 倒入鸭块、姜片、沙参、玉竹。

❸ 加盖焖煮至沸腾。

❹ 转到砂锅，加少许料酒、葱白。

❺ 加盖，以大火烧开，小火炖 1 小时。

❻ 揭盖，加盐、味精、胡椒粉调味。

❼ 撒入枸杞子、葱段。

❽ 略煮即成。

小贴士

✪ 枸杞子宜置于阴凉干燥处，以防潮、防蛀。

✪ 枸杞子虽然有很多好处，却不可过量食用，但一定要坚持食用。

食物相宜

滋阴润肺

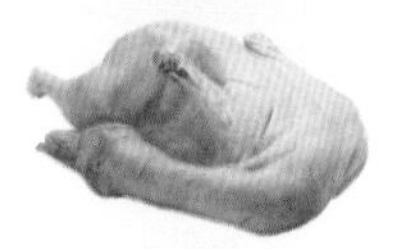
鸭肉

芥菜

提供丰富的蛋白质

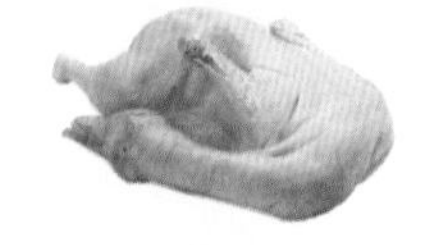
鸭肉

干贝

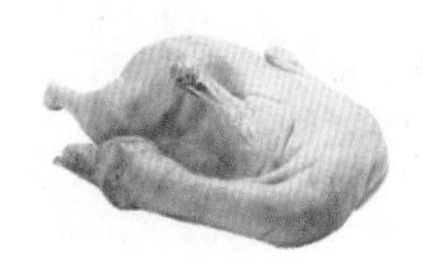

乳鸽煲

3分钟　提神健脑
辣　一般人群

乳鸽煲，是先将乳鸽腌渍、油炸、调味、拌炒均匀，再装入砂锅烹制而成的。通过砂锅持久的热力，逼出鸽肉本身的水分与油脂，整个过程无需添加水和油，让鸽肉在自身汤汁和调料的煲煮中逐渐入味。端上滋滋作响的砂锅，揭盖，瞬间浓香四溢，让人食欲大开。在热气腾腾中，鸽肉也越煲越香，不知不觉间一碗米饭早已下肚。

材料

乳鸽肉	300克
蒜苗段	30克
水发香菇	30克
蒜片	20克
姜片	20克
青椒圈	20克
红椒圈	20克

调料

蚝油	3毫升
盐	2克
味精	1克
白糖	2克
老抽	3毫升
水淀粉	适量
生抽	5毫升
料酒	5毫升
淀粉	适量
食用油	适量

食材处理

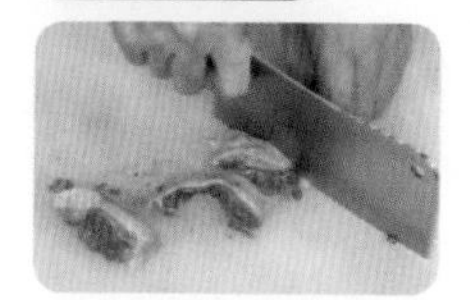

❶将洗净的乳鸽肉斩成块。

❷将乳鸽装入碗中，加入生抽、盐、味精、料酒拌匀，再撒上淀粉拌匀，腌渍 10 ~ 15 分钟使其入味。

❸热锅注油，烧至三四成热，放入蒜片。

❹炸至金黄色捞出。

❺锅留底油，倒入乳鸽块。

❻炸至断生后捞出。

做法演示

❶炒锅注油，烧热。倒入蒜片、香菇、姜片。

❷倒入乳鸽，加入料酒拌匀。

❸倒入少许清水。

❹加蚝油、盐、味精、白糖拌匀，倒入老抽拌匀。

❺倒入青椒圈、红椒圈。

❻倒入蒜苗段，加少许水淀粉拌炒均匀。

❼将炒好的乳鸽盛入砂锅，置于火上。

❽加盖，用中火烧开。

❾关火，端下砂锅即可食用。

食物相宜

补肾益气

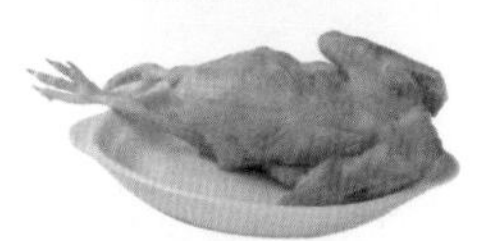

乳鸽

螃蟹

补虚养身

乳鸽

冬瓜

蛋丝银牙

5分钟　清热解毒
清淡　一般人群

蛋丝银牙是一道非常有名的家常菜，只需要绿豆芽和鸡蛋即可。鸡蛋煎成蛋皮、切丝；绿豆芽炒熟盛入盘中。将切好的蛋丝摆放在绿豆芽上，再加点红椒圈点缀，红、黄、白相映成趣，赏心悦目的菜品带着诱人的香气，一下子就能勾起人的食欲。蛋丝银牙的做法简单，非常适合厨房新手，而且绝对是一道上桌惊艳的宴客菜。

材料

绿豆芽　200克
鸡蛋　3个
红椒圈　20克

调料

盐　2克
食用油　适量

食材处理

❶ 鸡蛋打入碗内。

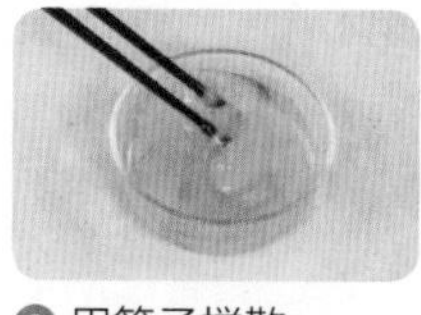

❷ 用筷子搅散。

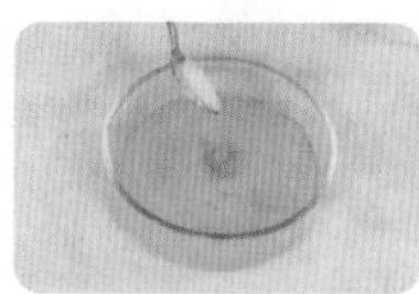

❸ 加入适量盐，拌匀。

❹ 锅中注入适量食用油，烧热。

❺ 倒入蛋液。

❻ 小火煎成蛋皮。

❼ 按照同样的方法，制成数张蛋皮。

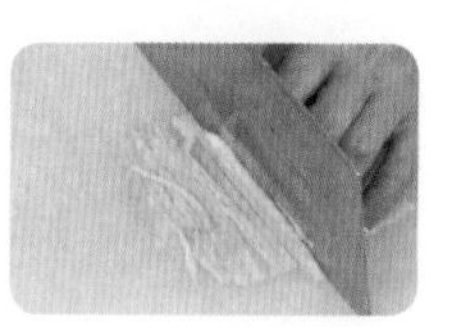

❽ 将蛋皮切成细丝备用。

做法演示

❶ 锅中注油烧热，倒入洗净的绿豆芽。

❷ 加入适量盐。

❸ 炒约 1 分钟至熟。

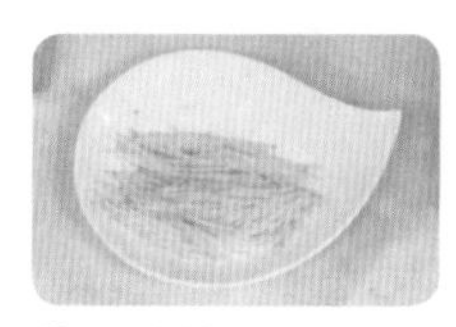

❹ 将炒熟的绿豆芽盛入盘中。

❺ 放上切好的蛋丝。

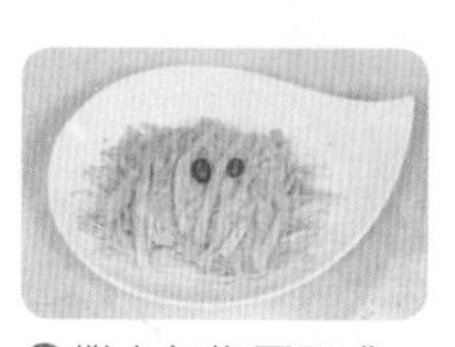

❻ 撒上红椒圈即成。

食物相宜

通乳汁，美白润肤

绿豆芽

+

鲫鱼

排毒利尿

绿豆芽

+

陈皮

养生常识

★ 绿豆芽还有清除血管壁中胆固醇和脂肪的堆积、防止心血管病变的作用。

★ 绿豆芽是祛痰火湿热的家常蔬菜，常吃绿豆芽，可以起到清肠胃、解热毒、洁牙齿的作用。

苦瓜酿咸蛋

10分钟　增强免疫力
苦　一般人群

苦瓜素有“菜之君子”之美称，因为它从不会把自身的苦味传给配菜。苦瓜虽苦，却是消暑佳品，能清热解暑、清心明目。在青翠碧绿的苦瓜里酿入黄灿灿的咸蛋黄，用咸蛋黄的咸香掩盖苦瓜的苦涩，入口清爽中带有醇香，虽然仍有苦味，味道却更加丰富了。

材料

苦瓜	200克
咸蛋黄	150克

调料

咖喱膏	20克
鸡精	1克
盐	2克
淀粉	适量
水淀粉	适量
味精	1克
白糖	2克
食用油	适量

食材处理

❶ 将洗净的苦瓜切棋子形。

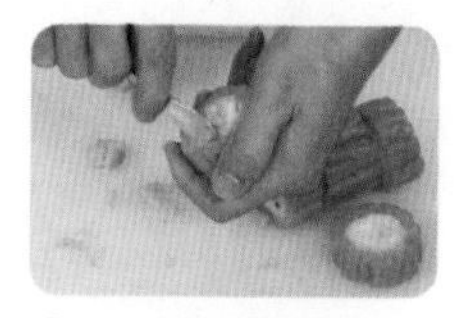
❷ 将苦瓜籽掏去。

❸ 装盘备用。

❹ 将咸蛋黄放入蒸锅。

❺ 再加上盖蒸约 10 分钟。

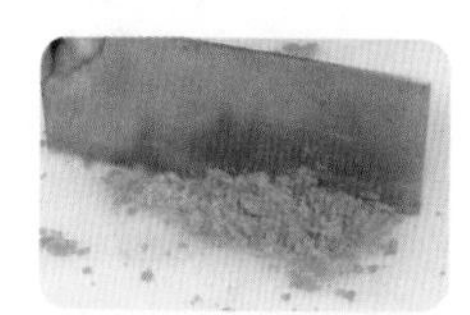
❻ 取出蒸熟的蛋黄压碎，再剁成末备用。

做法演示

❶ 锅中加清水烧开，加入淀粉、盐。

❷ 倒入苦瓜。

❸ 煮约 2 分钟捞出。

❹ 苦瓜稍放凉后塞入咸蛋黄末。

❺ 整齐地摆在盘中。

❻ 将酿好的苦瓜放入蒸锅。

❼ 加盖蒸约 5 分钟至熟。

❽ 揭盖，取出蒸好的苦瓜。

❾ 用油起锅，倒入少许水。

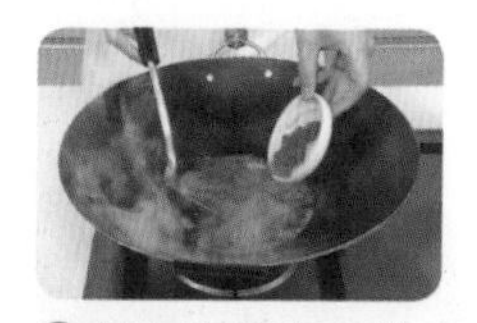
❿ 倒入咖喱膏、盐、味精、鸡精、白糖拌匀。

⓫ 加入水淀粉勾芡，淋入熟油拌匀。

⓬ 将芡汁浇在苦瓜上即可。

食物相宜

清热、明目

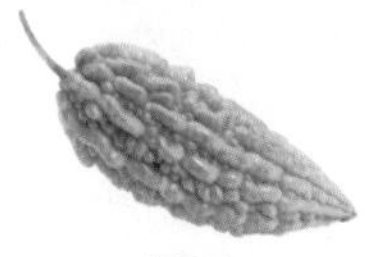
苦瓜

+

百合

清热润肺

苦瓜

+

木耳

清胃健脾

苦瓜

+

西红柿

豆浆蟹柳蒸水蛋

12分钟　美容养颜
清淡　女性

蒸水蛋，北方人又称之为鸡蛋羹，是一道下饭蒸品，是老少皆宜的食物。蒸水蛋属于创新空间很大的一道菜，因为本身味道清淡，因此主妇们大可充分发挥创造力，随意添加各种配料。此道菜品用豆浆调配蛋浆，再加些蟹柳，蒸熟后浇上热油，撒上葱花即可。豆浆蟹柳蒸水蛋明艳诱人、滑溜爽口，实在忍不住诱惑，就多吃几口吧。

材料

豆浆	300毫升
蟹柳	40克
鸡蛋	2个
葱花	5克

调料

盐	3克
鸡精	2克
食用油	少量

食材处理

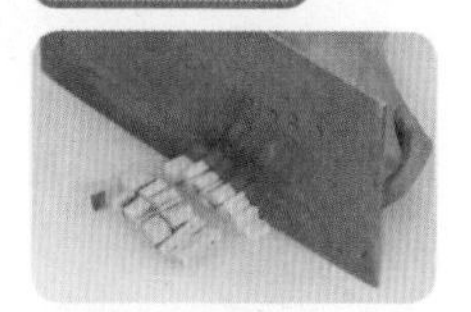

❶将蟹柳先切条，后切丁。

❷将鸡蛋打入碗中，加盐、鸡精调匀。

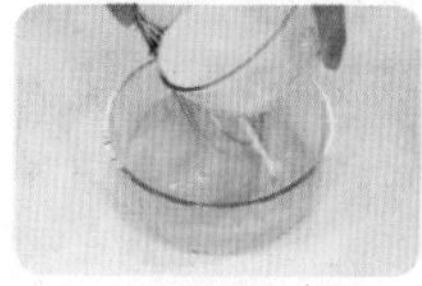

❸加入豆浆搅拌均匀。

做法演示

❶将调好的蛋液倒入碗中，放入蒸锅内。

❷盖上锅盖，蒸约 7 分钟。

❸揭盖，放入蟹柳丁。

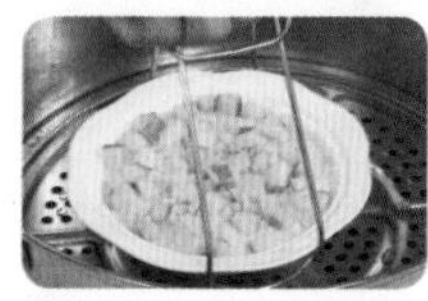

❹蒸 3 分钟至熟后取出。

❺锅中加油烧热，将热油浇在蛋羹上。

❻撒上葱花即成。

小贴士

- 豆浆煮沸后要再煮几分钟，当豆浆加热到 80℃左右时皂毒素受热膨胀，会形成假沸，产生泡沫，只有加热到 90℃以上才能破坏皂毒素。
- 豆浆不能放在保温瓶里存放，这样会滋生细菌，使豆浆里的蛋白质变质，影响人体健康。
- 好豆浆应有股浓浓的豆香味，浓度高，略凉时表面有一层油皮，口感爽滑。

食物相宜

保肝护肾

鸡蛋

韭菜

降低血脂

鸡蛋

醋

敛阴、养血

鸡蛋

菠菜

第5章

鲜嫩水产海鲜，粤菜之家常

提及粤菜，各式各样的水产海鲜让人印象深刻。广东境内水产资源极为丰富，这为粤菜提供了源源不断的鲜美食材。人们在烹制时更强调原味的呈现，为此，一些菜式的烹调仅需清水烫熟主料，辅以酱油调味，入口却鲜嫩异常，极具地方特色。

豆豉小葱蒸鲫鱼

17 分钟　开胃消食
鲜　孕产妇

秋冬是鲫鱼最肥美的季节，肉肥籽多、味道鲜美，所含蛋白质品质最优，可补益身体。鲫鱼清蒸，可保留鱼原有的清香味，肉质细嫩，吃起来爽滑可口。配用咸香微辣的豆豉、香味逼人的葱，去腥增味添色，鲫鱼的清甜鲜嫩也因豆豉、小葱的滋润，更显得回味悠长。

材料

鲫鱼	500 克
葱	10 克
豆豉	5 克
姜片	5 克

调料

盐	3 克
蚝油	2 克
鸡精	1 克
白糖	1 克
淀粉	适量
食用油	适量

食材处理

❶ 将宰杀处理干净的鲫鱼切成两段。

❷ 装入盘中，撒上适量盐。

❸ 将洗净的葱切成葱花。

❹ 将豆豉和姜片放入碗中。

❺ 加入蚝油、鸡精、白糖。

❻ 淋入食用油，拌匀，再加入少许淀粉拌匀。

❼ 将拌好的豆豉和姜片铺在鲫鱼上。

❽ 然后将鲫鱼放入炖盅内。

做法演示

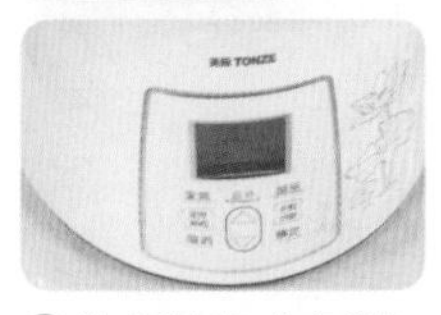

❶ 选择炖盅“家常”功能中的“鱼类”模式蒸制。

❷ 盖上盅盖，时间设定为 15 分钟。

❸ 鱼蒸熟，揭开盅盖，加入葱花。

❹ 加盖，再蒸 1 分钟。

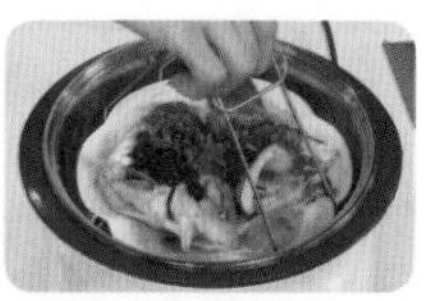

❺ 揭开锅盖，将蒸好的鲫鱼取出。

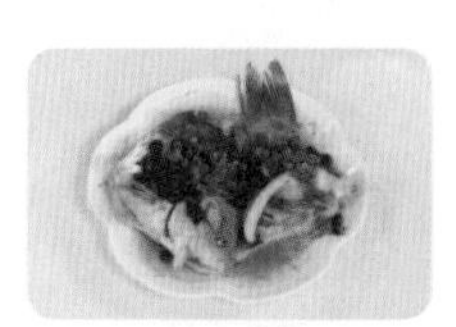

❻ 摆好即可食用。

食物相宜

润肤抗老

鲫鱼

+

黑木耳

利尿美容

鲫鱼

+

蘑菇

椒盐带鱼

6分钟　益气补血
咸香　一般人群

带鱼肉嫩刺少，味道鲜美，是人们比较喜欢食用的一种海洋鱼类，具有很高的营养价值。平日里吃腻了红烧带鱼，大可换换口味，椒盐风味的也不错。椒盐带鱼色泽金黄诱人、肉质细嫩，细碎的椒盐吸附在带鱼上，咸香可口。迫不及待地夹一块放入口中，酥脆的表皮、鲜嫩的鱼肉、微微的辣、淡淡的香在口中弥散，让人的味觉彻底沦陷。

材料		调料	
带鱼	300克	盐	3克
面粉	60克	味精	1克
蒜末	5克	老抽	适量
葱花	5克	辣椒面	少许
姜片	5克	椒盐	少许
		辣椒油	适量
		食用油	适量

食材处理

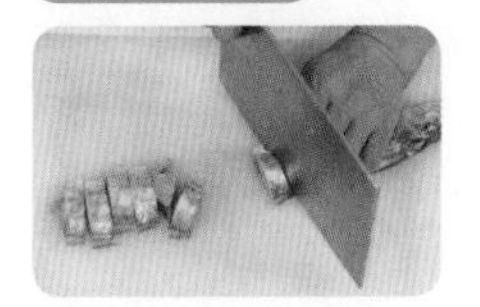

❶ 将带鱼去鳞、洗净切段。

❷ 装盘加盐、味精、老抽拌匀，撒上面粉裹匀。

做法演示

❶ 热锅注油烧热。

❷ 放入带鱼拌匀，小火炸约 2 分钟至熟透捞出。

❸ 锅留油，倒入姜、蒜、葱、辣椒面爆香。

❹ 倒入炸熟的带鱼炒匀。

❺ 撒入适量椒盐。

❻ 翻炒均匀。

❼ 淋入辣椒油。

❽ 将带鱼再拌炒均匀。

❾ 盛出装盘，撒入葱花即可。

小贴士

✪ 将带鱼放入 80℃左右的水中烫 10 秒钟后，立即浸入冷水中，然后再用刷子刷或者用布擦洗一下， 鱼鳞就会很容易去掉。

食物相宜

保护肝脏

带鱼

苦瓜

补气养血

带鱼

木瓜

养生常识

★ 带鱼不能用牛油、羊油煎炸。

★ 带鱼油有养肝止血作用。

★ 食用带鱼，对脾胃虚弱、消化不良的人十分有益。

麒麟生鱼片

20分钟　增强免疫力
鲜　一般人群

过年过节宴客时，餐桌上一定会有一盘鱼，清蒸鱼则是最受“宠”的。如果觉得整条鱼清蒸有些单调，不妨试试麒麟生鱼片。麒麟生鱼片是以生鱼、水笋、火腿、香菇等为原材料精心烹制而成的一道佳肴。因将生鱼与几种配料切片拼配后摆盘，犹如披甲麒麟而得名。成菜不仅味道鲜美，样式也吸引眼球，让你在一饱口福的同时也能大饱眼福。

材料		调料	
生鱼	1条	盐	3克
油菜	10克	味精	1克
火腿片	5克	鸡精	1克
生姜片	5克	料酒	5毫升
水发香菇片	5克	白糖	2克
水笋	5克	水淀粉	适量
葱条	5克	淀粉	适量
蛋清	适量	食用油	适量

食材处理

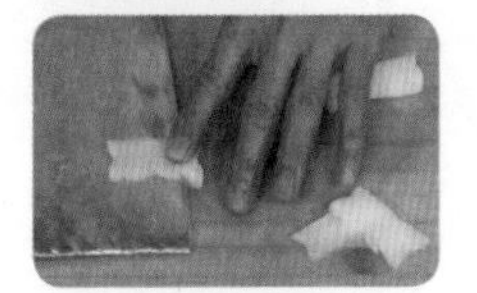

❶ 将水笋洗净，片成薄片；油菜洗净备用。

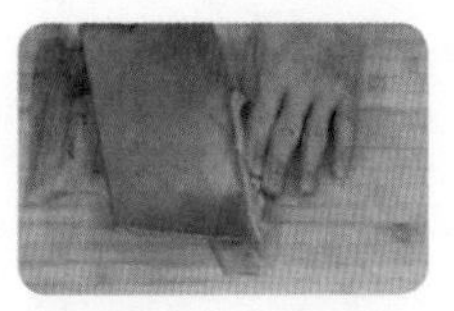

❷ 将宰杀处理好的生鱼鱼头切下，剔去鱼骨，片取鱼肉。

❸ 将鱼肉切成薄片，装入盘内。

❹ 将鱼头、鱼尾撒上盐，以味精、水淀粉拌匀腌渍。

❺ 鱼片加盐、白糖、鸡精、蛋清、淀粉、料酒拌匀腌渍。

食物相宜

清热利尿，健脾益气

生鱼

黄瓜

做法演示

❶ 将鱼头和鱼尾放入蒸锅，蒸 5 ~ 6 分钟至熟。

❷ 锅加水、水笋、香菇、盐、味精、鸡精、料酒煮 2 分钟。

❸ 锅中倒油，再放入油菜拌匀浸透，焯熟捞出。

❹ 将香菇、水笋、火腿、生鱼和姜依次叠入盘中。

❺ 转到蒸锅，放入葱条。

❻ 加盖蒸 5 ~ 6 分钟至熟透。

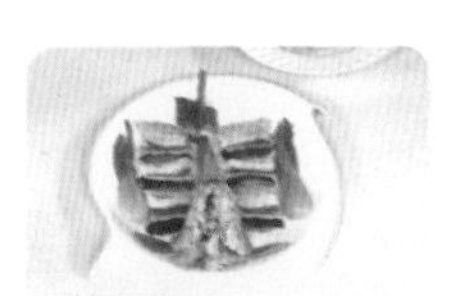

❼ 去葱条。将蒸熟的鱼头、鱼尾摆入盘内、摆上油菜。

❽ 锅注油，加水、盐、味精、水淀粉，制成芡汁。

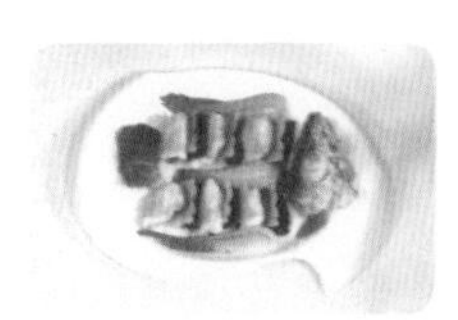

❾ 将芡汁均匀地浇入盘中材料上即成。

养生常识

- ★ 生鱼肉性寒味甘，无毒，补脾益胃、利水消肿，对治疗脚气、妊娠水肿都有一定疗效。
- ★ 忌食生鱼子，因其有毒，误食有生命危险。

吉利百花卷

10 分钟　增强免疫力
咸香　一般人群

吉利百花卷是一道传统粤菜，仅听名字就十分有情调。所谓“百花”通常指虾胶，这里是将鲜虾馅捏成肉团，塞入咸香的咸蛋黄而成，似乎有“百花丛中一点红”的意味。给鲜虾肉团裹上一层面包糠做外衣，经油炸至金黄酥脆，十分养眼。记得一定要趁热吃，一口下去外酥里嫩，虾肉鲜美而嫩滑，炙热爽口，饶有食趣。

材料

虾仁　400 克
面包糠　250 克
咸蛋黄　50 克
蛋清　适量

调料

盐　2 克
食用油　适量

做法演示

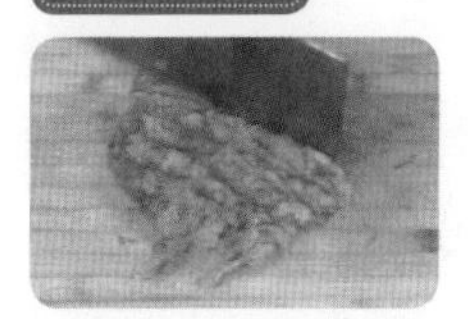
❶ 将洗好的虾仁剁成肉馅，加少许盐装入盘中备用。

❷ 将肉馅捏成肉丸。

❸ 手蘸少许蛋清，将咸蛋黄塞入肉丸中。

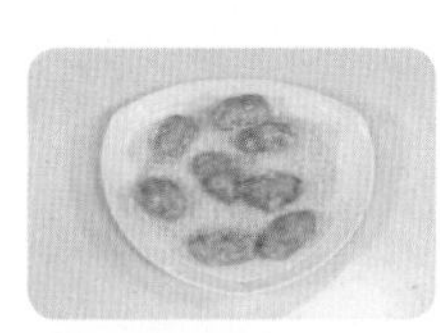
❹ 包裹严实后，即成肉团。

❺ 将做好的肉团裹上面包糠。

❻ 锅中注油，烧至五成热，放入肉团。

❼ 用中火炸约 2 分钟至熟。

❽ 捞出炸好的肉团，沥干油。

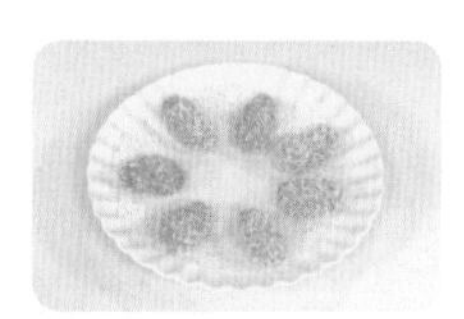
❾ 将肉团摆入盘中即可。

小贴士

- 需要用鸡蛋清时，可用针在蛋壳的两端各扎 1 个孔，蛋清会从孔流出来，而蛋黄仍留在蛋壳里。
- 用纸卷成 1 个漏斗，漏斗口下放 1 只杯子或碗，把蛋打开倒进纸漏斗里，蛋清顺着漏斗流入容器内，而蛋黄则会整个留在漏斗里。
- 把蛋壳打成两瓣，下面放一容器，把蛋黄在两瓣蛋壳里互相倒 2 ~ 3 次，蛋清、蛋黄即可分开。
- 把鸡蛋打入碗中，拿空的矿泉水瓶接近蛋黄，轻轻捏矿泉水瓶中部，让瓶口接触蛋黄，松开瓶身，即可把蛋黄吸入瓶内。

食物相宜

增强体质，促进食欲

虾

+

豆苗

补肾壮阳

虾

+

枸杞子

菠萝鱼片

3分钟　瘦身排毒
酸甜　一般人群

水果入菜早已不是什么新鲜的事情了，但是想要味道好，必须得花点心思。菠萝鱼片是一道创新菜，菠萝的加入，赋予了鱼片酸酸甜甜的口感，吃起来更鲜美可口，尤其在炎炎夏季更加开胃。菠萝本身也营养丰富，其所含的菠萝蛋白能帮助人体消化蛋白质，还可解腻。

材料

草鱼肉	400克
菠萝肉	100克
蛋黄	1个
青椒片	20克
红椒片	20克
姜片	5克
蒜末	5克
葱白	5克

调料

盐	2克
味精	1克
白糖	2克
老抽	3毫升
淀粉	适量
水淀粉	适量
食用油	适量

食材处理

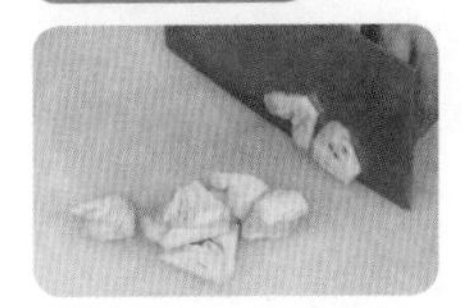

❶ 将洗净的菠萝肉切成片。

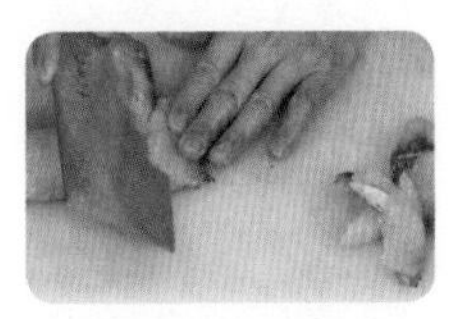

❷ 将洗好的草鱼去除脊骨、腩骨，鱼肉切成片。

❸ 鱼片加少许盐、味精、蛋黄拌匀。

❹ 撒入适量淀粉裹匀，腌渍3～5分钟。

❺ 锅置旺火上，注油烧热，放入鱼片。

❻ 用中火炸约2分钟至熟后捞出。

做法演示

❶ 起油锅，倒入蒜、姜、葱、青椒、红椒爆香。

❷ 倒入菠萝片炒匀。

❸ 淋入少许清水。

❹ 往锅里加入白糖、盐调味。

❺ 倒入少许老抽上色。

❻ 再加入少许水淀粉勾芡。

❼ 倒入鱼片炒匀。

❽ 将做好的菜盛入盘内即可。

食物相宜

治疗肾炎

菠萝

+

茅根

补虚填精，温中益气

菠萝

+

鸡肉

养生常识

★ 草鱼不宜大量食用，若一次吃得太多，有可能诱发各种疮疥。

豆豉鲮鱼炒苦瓜

5分钟　美容养颜
咸香　女性

对于苦瓜，在广东有一种特色吃法，就是用豆豉鲮鱼罐头来搭配。豆豉鲮鱼罐头香酥软韧、较油腻，是粤菜常用的配菜。豆豉鲮鱼罐头与苦瓜同炒可谓完美互补，既降低了苦瓜的清苦味，又淡化了豆豉鲮鱼的油腻口感，清爽不腻。尤其是苦瓜吸收了鲮鱼的香味后，咸香爽口，开胃又下饭。

材料

苦瓜	150 克
豆豉鲮鱼	80 克
蒜末	5 克

调料

盐	适量
味精	适量
白糖	适量
水淀粉	适量
食用油	适量

食材处理

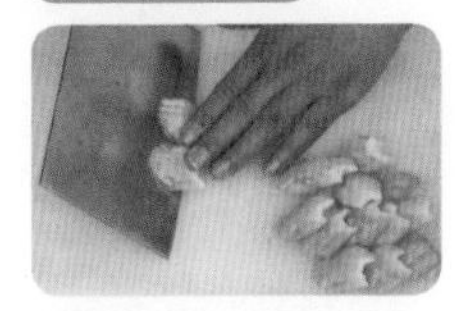

❶ 将洗净的苦瓜切成片。

❷ 将豆豉鲮鱼切块。

做法演示

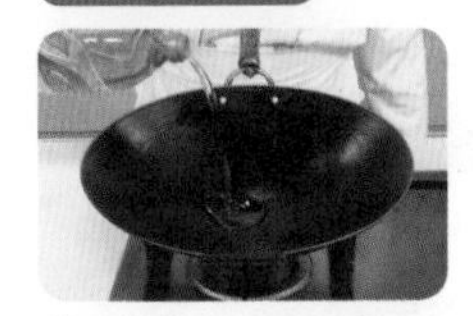

❶ 起锅，注油烧热。

❷ 放入蒜末煸香。

❸ 倒入切好的苦瓜翻炒一下。

❹ 倒入豆豉鲮鱼拌炒熟。

❺ 加入适量盐、味精、白糖调味。

❻ 用水淀粉勾芡。

❼ 淋入少许熟油翻炒。

❽ 盛出装盘即成。

小贴士

✪ 鲮鱼一般都会做成罐头保存，罐头开封后最好一次吃完。

✪ 新鲜鲮鱼适合于春季食用，因为春季的鲮鱼肉质最好。

食物相宜

护眼明目

苦瓜

鸡蛋

改善血液循环

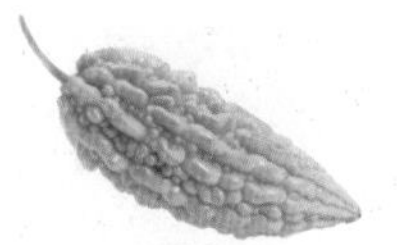

苦瓜

+

猪肉

补中益气

苦瓜

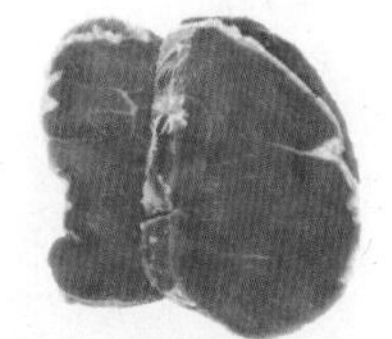

牛肉

生鱼骨汤

15 分钟　增强免疫力
鲜　老年人

生鱼是最适合煲汤的鱼，本身腥味不大，但是姜片依然不能少。生鱼骨中含有丰富的钙和微量元素，而且鱼骨的营养成分为水溶性物质，很容易被人体吸收。因此用生鱼骨煲汤，不仅滋味鲜美，还可增进营养、补充钙质。一碗乳白色的汤汁伴着翠绿柔嫩的生菜叶，养眼又馋人。喝过才知道，仅一个“鲜”远远诠释不了其美味。

材料

生鱼骨	400 克
生菜	50 克
生姜片	5 克
芹菜	5 克

调料

盐	2 克
鸡精	1 克
味精	1 克
胡椒粉	适量
食用油	适量

食材处理

❶ 将洗净的生鱼骨斩成块。

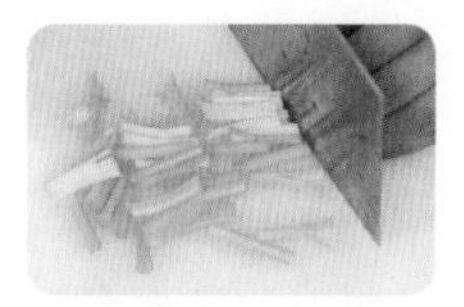
❷ 将洗好的芹菜切段。

❸ 锅中注水烧开。将烧好的水倒入大碗中备用。

做法演示

❶ 热锅注油，放入生姜片煸香。

❷ 倒入鱼骨。

❸ 撒入少许盐。

❹ 小火煎约 2 分钟至金黄色。

❺ 倒入碗中煮好的开水。

❻ 加盖煮约 10 分钟。

❼ 揭盖，加入盐、鸡精、味精。

❽ 撒入胡椒粉拌匀。

❾ 放入洗好的生菜略煮。

❿ 倒入芹菜煮片刻至熟。

⓫ 盛入汤碗中即可。

小贴士

✪ 鱼骨可以做菜，也可汆汤，脆嫩清香，以洁白明亮者为上品。

食物相宜

清热利尿，健脾益气

生鱼

黄瓜

补益脾胃

生鱼

胡萝卜

养生常识

★ 生鱼容易成为寄生虫的寄生体，所以最好不要随便食用被污染的生鱼。

★ 生鱼忌与茄子同食，否则有损肠胃。

天麻鱼头汤

11分钟　健脑提神
鲜　一般人群

鱼头肉质细嫩、营养丰富，尤其是所含的卵磷脂有增强记忆力的作用。天麻和枸杞子的加入，让营养更胜一筹，可健脑明目、延年益寿。天麻鱼头汤因药材的香味和鱼的鲜美充分融合，使整个汤鲜香味美，爽口宜人。脑力劳动者常喝天麻鱼头汤不仅可以健脑，还可以延缓脑力衰退。

材料

鱼头	250克
姜片	20克
天麻	5克
枸杞子	2克

调料

盐	2克
鸡精	1克
食用油	适量

食材处理

❶ 锅置旺火上，注油烧热，放入姜片爆香。

❷ 放入洗净的鱼头，煎至焦黄。

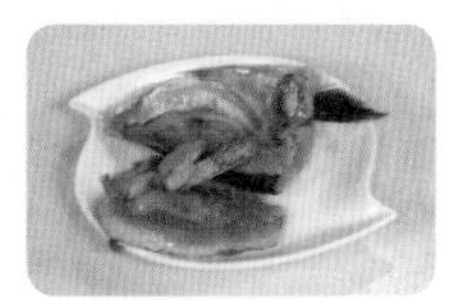

❸ 盛入盘内备用。

做法演示

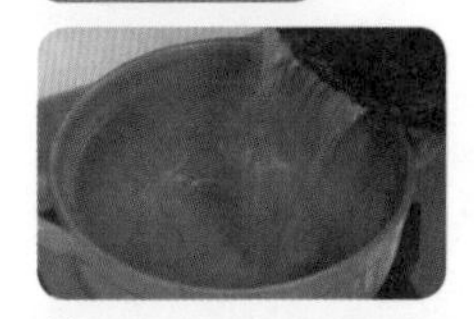

❶ 取干净的砂锅，倒入开水。

❷ 放入天麻，再放入姜片和鱼头。

❸ 加入少许盐。

❹ 用大火煲开。

❺ 加入少许鸡精。

❻ 盖上锅盖，转中火再炖 8 分钟。

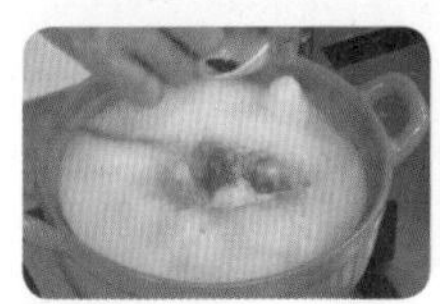

❼ 揭开锅盖，均匀撒入枸杞子。

❽ 继续使用中火炖煮片刻。

❾ 关火，端下砂锅即可食用。

小贴士

- 鱼鳃不仅是鱼的呼吸器官，也是一个相当重要的排毒器官，这也是人们吃鱼都要摘除鱼鳃的重要原因。
- 鱼头中存在着大量的寄生虫，所以吃鱼头一定要烧熟，千万不要贪生，尤其吃火锅的时候要注意这一点。

食物相宜

增强免疫力

鱼头

豆腐

养生常识

★ 天麻对冠状动脉、外周血管有一定程度的扩张作用。天麻素有促进心肌细胞能量代谢，特别是在缺氧情况下获得能量的作用。

★ 天麻有息风止痉、平肝潜阳、祛风通络的功效。

★ 鱼体内有两种不饱和脂肪酸，即 22 碳六烯酸 (DHA) 和 20 碳五烯酸 (EPA)。这两种不饱和脂肪酸对软化血管、降低血脂以及健脑、延缓衰老都非常有好处。DHA 和 EPA 在鱼油中的含量要高于鱼肉，而鱼油又相对集中在鱼头内。从这个意义上讲，多吃鱼头对人体健康的确有益。

芹菜炒墨鱼

4分钟　美容养颜
辣　女性

墨鱼味道鲜美、营养丰富，是海洋带给人类的一种高蛋白、低脂肪的滋补佳品。芹菜含有铁、锌等微量元素，有平肝降压、安神镇静、提高食欲的作用。墨鱼和芹菜搭配，不仅营养丰富，白绿相间非常养眼，更让人食欲大增。尤其是那翠绿的芹菜在白色墨鱼的映衬下，不觉间也高贵起来。

材料

芹菜	100 克
净墨鱼肉	150 克
蒜苗	30 克
青椒片	20 克
红椒片	20 克
姜片	5 克

调料

盐	2 克
味精	1 克
鸡精	1 克
辣椒酱	适量
料酒	5 毫升
水淀粉	适量
食用油	适量

食材处理

❶ 将洗净的芹菜切成段。

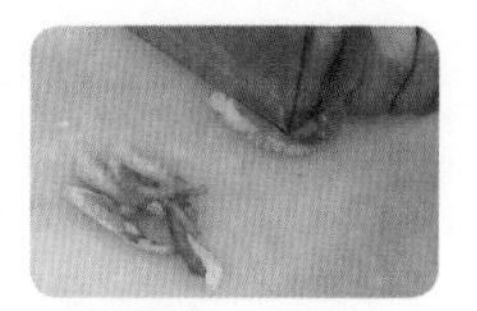

❷ 将墨鱼肉切成丝。

❸ 墨鱼加料酒、盐拌匀，腌渍 10 分钟至入味。

做法演示

❶ 锅中注油，放入姜、青椒、红椒和蒜苗梗爆香。

❷ 倒入墨鱼炒匀。

❸ 锅中加入料酒翻炒片刻。

❹ 锅中倒入芹菜。

❺ 拌炒约 2 分钟至熟透。

❻ 放入洗好的青蒜叶。

❼ 锅中加入盐、味精、鸡精、辣椒酱调味。

❽ 加入少许水淀粉勾芡，淋入熟油拌匀即可。

小贴士

✪ 优质鲜墨鱼的腹部颜色是均匀的；劣质鲜墨鱼放有“吊白块”，腹部的颜色不均匀，会起泡。

食物相宜

补肝肾

墨鱼

木瓜

治哮喘

墨鱼

白糖

养生常识

★ 在食用新鲜墨鱼时一定要去除内脏，因为其内脏中含有大量的胆固醇。

孜然鱿鱼

2分钟　开胃消食
咸香　一般人群

街边的烤鱿鱼总是很受欢迎，但卫生问题总让人担忧，我们不妨在家尝试着做孜然鱿鱼。孜然鱿鱼是一道快手菜，鱿鱼柔嫩莹白，配上紫色的洋葱丝，让整盘菜的颜色更靓丽，它有着充满嚼劲的口感，吃起来更是爽滑弹牙，回味无穷。多撒些孜然，不仅去腥味，还让成菜富有烧烤的味道，香美可口。

材料

鱿鱼	200 克
洋葱	100 克

调料

盐	2 克
味精	1 克
孜然粉	适量
淀粉	适量
辣椒粉	适量

食材处理

❶ 将洗好的洋葱切成丝。

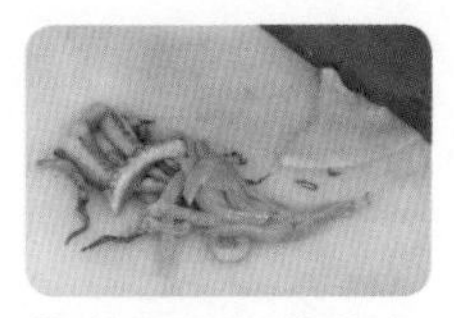
❷ 将处理好的鱿鱼切丝。

❸ 锅注水烧开，倒入鱿鱼，煮沸后捞出沥干备用。

❹ 将淀粉撒在鱿鱼上，抓匀。

❺ 锅中注油烧热，倒入洋葱，小火炸片刻捞出。

❻ 放入鱿鱼，滑油片刻后捞出。

做法演示

❶ 锅留底油，倒入洋葱炒香。

❷ 放入鱿鱼，倒入孜然粉、辣椒粉。

❸ 加入盐、味精。

❹ 将菜炒匀。

❺ 盛入盘内即可。

小贴士

- 鱿鱼须煮熟透后再食，因为鲜鱿鱼中有多肽，若未煮透就食用，可能会导致肠运动失调。
- 食用新鲜鱿鱼时一定要去除内脏，因为其内脏中含有大量的胆固醇。

食物相宜

补气养血

鱿鱼

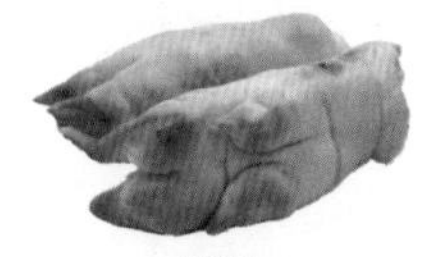
猪蹄

排毒、造血

鱿鱼

+

黑木耳

锅仔鲈鱼煮萝卜

8 分钟　养心润肺
鲜　女性

俗话说："冬日萝卜赛人参"，因此冬日里萝卜在家庭餐桌上出现的频率很高。这道菜鲈鱼肉质白嫩、肥美细滑，萝卜也因吸足了鱼肉的鲜甜，吃起来清爽滑口，鲜汤更是香甜可口。在寒冷的冬天，喝上一碗热气腾腾的汤，不仅齿颊留香，更让人顿时感觉到一阵暖意，从胃里一直暖到心里。

材料		调料	
鲈鱼	500 克	盐	2 克
白萝卜	300 克	鸡精	1 克
芹菜	20 克	料酒	5 毫升
姜丝	5 克	食用油	适量
葱白	5 克	酸梅酱	适量

食材处理

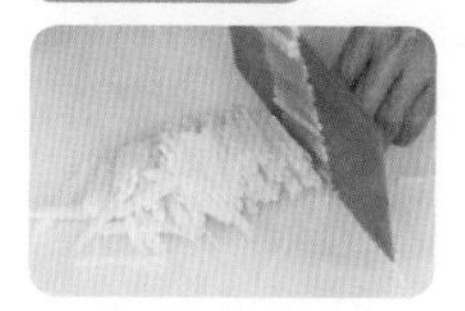

❶ 将去皮洗净的白萝卜切丝。

❷ 将宰杀好的鲈鱼加盐抹匀。

做法演示

❶ 用油起锅，放姜丝爆香。

❷ 放入鲈鱼，煎至两面焦黄。

❸ 加入料酒和适量清水。

❹ 加盖煮沸。

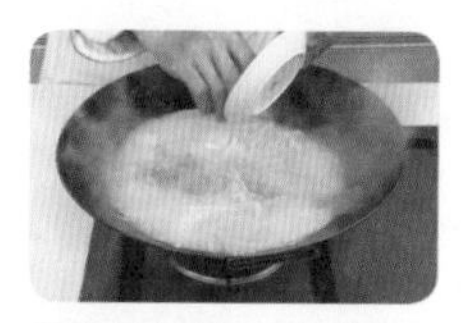

❺ 揭盖，放入白萝卜，加盐、鸡精。

❻ 加盖煮约 2 分钟至熟。

❼ 揭盖放芹菜、葱白、姜丝、酸梅酱略煮。

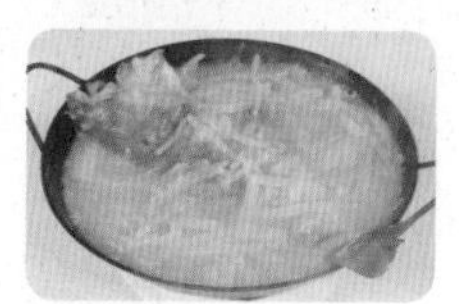

❽ 盛入干锅即成。

小贴士

- 选购鲈鱼时，可扒开鱼鳃看看，颜色血红的较新鲜。
- 鲈鱼保存时间短，最好风干保存。
- 食用鲈鱼应选用淡水鲈鱼，海生鲈鱼体内含有毒素。

食物相宜

延缓衰老

鲈鱼

+

胡萝卜

提高记忆力，促进代谢

鲈鱼

+

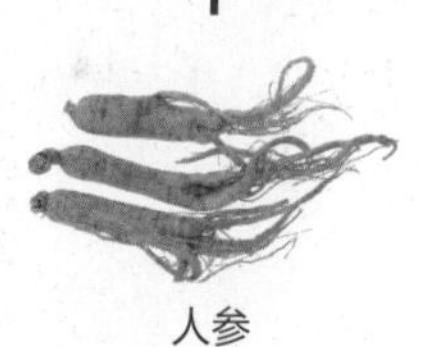

人参

养生常识

★ 鲈鱼肉质细嫩，味美清香，营养和药用价值都很高。

★ 鲈鱼富含脂肪，还有维生素、烟酸和钙、磷、铁等多种营养成分。

鲜虾白果炒百合

2分钟　养心润肺
鲜　老年人

鲜虾白果炒百合是一道集美味与保健为一体的佳肴。虾仁肉质松软、味道鲜甜、营养丰富，可增强人体免疫力；白果清香，可补肺益肾；百合清甜，可润肺清心、开胃安神。虾仁与白果、百合同炒，无论营养还是菜色搭配都很合理，用于宴客更是大受欢迎。

材料

材料	用量
虾仁	120克
百合	100克
白果	100克
红椒片	15克
姜片	10克
蒜片	10克
胡萝卜片	20克
口蘑	10克
蛋清	适量
葱白	5克

调料

调料	用量
盐	3克
味精	1克
白糖	2克
水淀粉	适量
食用油	适量

食材处理

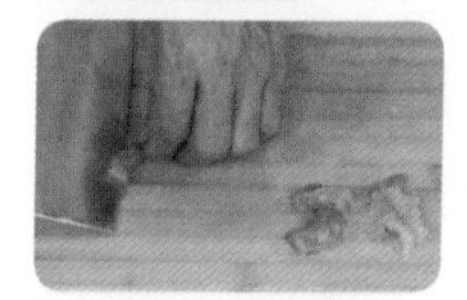

❶将洗好的虾仁从背部切开。

❷将虾仁装入碗中，加盐、味精、蛋清抓匀。

❸加入适量水淀粉抓匀，倒入食用油，腌渍片刻。

❹锅中注水烧开，倒入白果，加盐煮约 2 分钟。

❺倒入胡萝卜、红椒和百合，焯煮约 1 分钟至熟。

❻捞出锅中的材料，备用。

❼将虾仁倒入锅中。

❽汆煮片刻后捞出。

做法演示

❶炒锅注油烧热，倒入虾仁，滑油片刻。

❷捞出滑好油的虾仁。

❸锅留底油，倒入口蘑、葱白、姜片、蒜片炒匀。

❹倒入胡萝卜、白果、百合、红椒和虾仁。

❺加入盐、味精、白糖炒匀，淋入水淀粉。

❻快速拌炒均匀，盛入盘中即可。

食物相宜

开胃

百合

+

鸡肉

滋阴补血

百合

+

桂圆

提神健脑

百合

枸杞子

白灼基围虾

4分钟　增强免疫力
鲜　一般人群

很多人认为"白灼"就是用沸水煮熟即可。其实不然，白灼基围虾看似简单，其实也有诀窍。在煮虾时要放入料酒、盐、姜片，这样才能去除虾残留的腥味，使虾肉更有弹性；料酒和盐可使虾味更鲜美，颜色更鲜艳。此时，搭配一份精心调制的酱料即可上桌了。特别是想吃虾又懒得太操劳的人，可以选择做这道菜，简单又新鲜！

材料

基围虾	250克
生姜	35克
红椒	20克
香菜	5克

调料

料酒	30毫升
豉油	30毫升
盐	3克
鸡精	1克
白糖	2克
芝麻油	适量
食用油	适量

食材处理

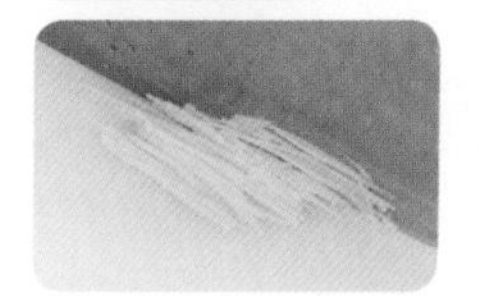

❶ 把去皮洗净的生姜切成薄片，再切成丝。

❷ 将洗净的红椒去籽，切成丝。

做法演示

❶ 锅中加 1500 毫升清水烧开，加料酒、盐、鸡精。

❷ 放入切好的姜片。

❸ 倒入基围虾，搅拌均匀，煮 2 分钟至熟。

❹ 把煮熟的基围虾捞出沥水。

❺ 装盘，放入洗净的香菜。

❻ 用油起锅，倒入约 70 毫升清水。

❼ 加入豉油、姜丝、红椒丝。

❽ 加入白糖、鸡精、芝麻油，拌匀。

❾ 煮沸，制成味汁。

❿ 将味汁盛入味碟中。

⓫ 将煮好的基围虾蘸上味汁即可食用。

食物相宜

增强免疫力

虾

白菜

益气、下乳

虾

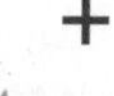

葱

虾仁莴笋

2分钟　增强免疫力
鲜　老年人

虾仁肉质松软、易消化，且含有丰富的钾、碘、镁、磷等矿物质及维生素A等成分，具有补肾壮阳、增强免疫力的作用。莴笋清脆爽口，略带点甜味，能开通疏利、消积下气，还可解油腻，是餐桌上不可或缺的美食。虾仁、莴笋的简单组合就呈现了一份鲜香爽口的菜肴，让人回味无穷。

材料

莴笋	250克
虾仁	150克
姜片	5克
葱白	5克

调料

盐	2克
味精	1克
鸡精	1克
料酒	5毫升
水淀粉	适量
食用油	适量

食材处理

❶将已去皮洗净的莴笋切片。

❷把洗好的虾仁从背部切开，挑去虾线。

❸虾仁加盐、味精和水淀粉拌匀。

❹加入适量食用油腌渍 5 分钟。

❺锅中注水烧开，加入盐。

❻倒入莴笋，再加入少许食用油。

❼煮沸后捞出。

❽倒入虾仁。

❾汆 1 分钟至断生后捞出。

做法演示

❶热锅注油，倒入姜片、葱白。

❷倒入虾仁炒香。

❸加入少许料酒。

❹倒入莴笋片翻炒片刻。

❺加盐、味精、鸡精调味。

❻用水淀粉勾芡。

❼淋入熟油拌匀。

❽盛入盘中即可。

食物相宜

治夜盲、干眼、便秘

虾 + 韭菜花

补脾益气

虾 + 香菜

鲜虾蒸豆腐

8分钟　增强免疫力
鲜　一般人群

中国的菜式很多，其中最营养最简单的做法要属蒸菜了——保留了食材原有的清香。这道鲜虾蒸豆腐，既有肉质松软、易消化、动物蛋白含量高的虾，又有鲜香可口、植物蛋白丰富的豆腐，可谓营养的强强联合。酥嫩可口的豆腐配上鲜香爽滑的虾仁，加之浓浓的豆香，令人垂涎三尺，想要立刻大快朵颐一番。

材料

豆腐	350克
虾仁	150克
葱花	5克

调料

盐	2克
味精	1克
鸡精	1克
淀粉	适量
芝麻油	适量
醋	3毫升
食用油	适量

食材处理

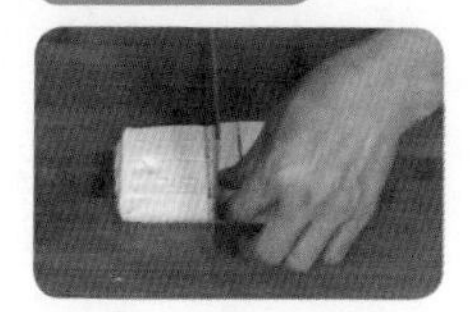

❶ 将豆腐洗净切块。

❷ 整齐地码放在盘中，撒上少许食盐备用。

❸ 将虾仁洗净切丁。

❹ 虾肉加盐、味精和鸡精。

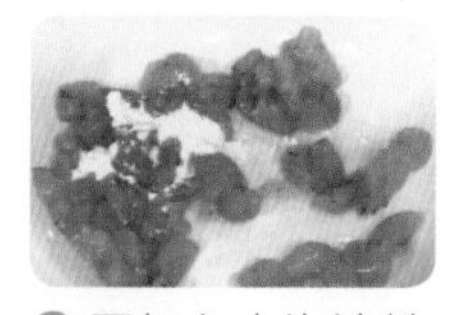

❺ 再加入少许淀粉拌匀。

❻ 淋入芝麻油、食用油拌匀，腌渍10分钟。

做法演示

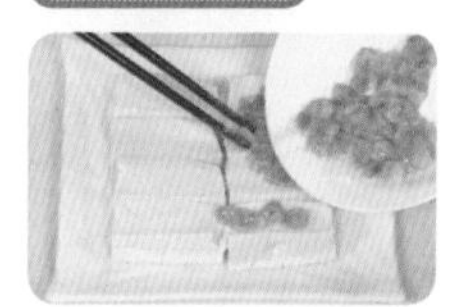

❶ 豆腐撒上盐，再将腌好的虾仁肉放在豆腐上。

❷ 放入蒸锅。

❸ 加盖用猛火蒸约6分钟。

❹ 取出蒸好的虾仁。

❺ 倒去原汤汁，撒上葱花。

❻ 炒锅注油烧热。

❼ 将烧热的油淋在虾仁上。

❽ 倒上少许醋。

❾ 摆好盘即可。

食物相宜

增强免疫力

虾

白菜

益气、下乳

虾

葱

豉油皇焗虾

2分钟　开胃消食
鲜香　一般人群

接触粤菜就很容易让人爱上豉油皇。粤语中豉油就是酱油，豉油皇是用酱油加一些配料调制而成，作为单独的拌料，口感更丰富，因此有“酱油之皇”的意思。基围虾营养丰富、肉质肥嫩鲜美，配上精心调制的豉油皇，色香味俱全。将经豉油皇烹制的虾放在嘴里细细咀嚼，壳酥脆肉鲜嫩，加之虾肉特有的弹性口感，令人深深沉醉。

材料

基围虾	500 克
香菜	5 克

调料

豉油	30 毫升
白糖	3 克
鸡精	2 克
芝麻油	适量
食用油	适量

食材处理

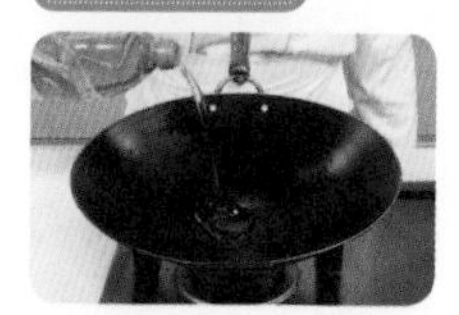

❶ 热锅注油，烧至六成热。

❷ 倒入处理干净的基围虾。

❸ 搅散，炸约 2 分钟至熟。

❹ 将炸好的基围虾捞出沥干油。

❺ 装入盘中备用。

做法演示

❶ 用油起锅。

❷ 加 20 毫升清水，加豉油、鸡精、白糖拌匀。

❸ 煮沸，制成豉油皇。

❹ 倒入滑油后的基围虾，翻炒入味。

❺ 加入适量芝麻油。

❻ 炒匀至入味。

❼ 盛出摆盘。

❽ 用香菜装饰即可。

食物相宜

增强体质，促进食欲

虾

+

豆苗

补肾壮阳

虾

枸杞子

茄汁虾丸

2分钟　开胃消食
酸甜　儿童

一提到虾丸，大多数人会想到火锅，其实虾丸也可做主菜。将虾丸用沸水汆烫至熟，加点番茄汁、白糖、盐，调成酸甜口味，不仅色泽漂亮，还能拯救我们的食欲。茄汁虾丸鲜香软糯、嫩滑爽口，酸酸甜甜的味道更是惹人爱。用剩余的汤汁拌饭，更叫一个美味，一不留神，一碗米饭随即下肚。

材料

虾丸	400克
葱花	10克
蒜末	10克

调料

番茄汁	50克
盐	3克
白糖	2克
水淀粉	适量
食用油	适量

食材处理

❶ 在锅中注入清水烧开。

❷ 倒入虾丸氽烫 2 分钟至熟。

❸ 捞出虾丸，装盘。

做法演示

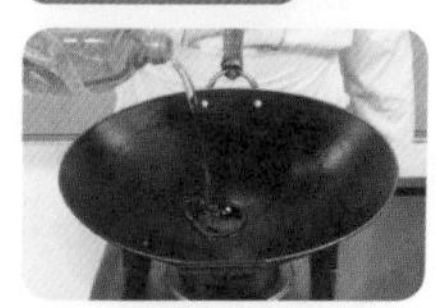

❶ 锅置旺火上，注入油烧热。

❷ 加入蒜末爆香。

❸ 倒入番茄汁炒匀。

❹ 锅中加入少许清水、白糖、盐搅匀。

❺ 倒入虾丸炒至入味。

❻ 加入少许水淀粉勾芡。

❼ 将勾芡后的虾丸翻炒均匀。

❽ 盛入盘内，撒上葱花即成。

小贴士

- 制作虾丸一定要选取新鲜的虾。
- 制作虾丸的过程力求快速利落，海鲜类食材腐败速度较快，第一时间制成是美味的关键。

食物相宜

增强免疫力

虾

白菜

补充蛋白质

虾

+

鸡蛋

补虚养身

虾

+

洋葱

韭黄炒虾仁

2分钟　保肝护肾
清淡　一般人群

春天的韭黄又嫩又香，色泽微黄娇艳，脆嫩爽口，是很多人喜爱的一种食材。韭黄有种特殊的辛香味，能够起到提神和促进食欲的作用。韭黄和虾仁一同炒食，粉嫩、微黄相间，再加以红椒丝、青蒜苗点缀，着实惹眼，绝对可登大雅之堂。成菜营养搭配合理，味道更是鲜美，绝对是下饭好伴侣。

材料

韭黄	250克
虾仁	150克
青蒜苗段	20克
红椒丝	20克

调料

盐	2克
味精	1克
水淀粉	适量
料酒	5毫升
食用油	适量

食材处理

❶ 将洗净的韭黄切成段。

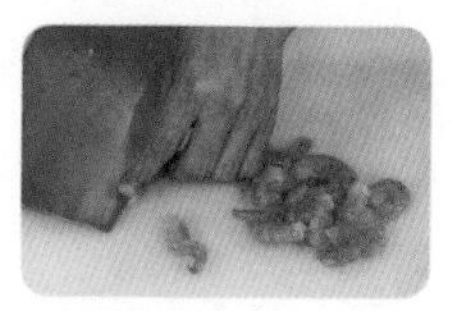

❷ 把洗好的虾仁从背部划开。

❸ 虾加入盐、味精、水淀粉、油腌渍3～5分钟。

❹ 锅置旺火上，注油烧热。

❺ 倒入虾仁滑油片刻捞出。

做法演示

❶ 锅留底油，倒入青蒜苗、红椒丝炒。

❷ 倒入韭黄和虾仁炒匀。

❸ 加入盐、味精、料酒。

❹ 炒至入味。

❺ 盛入盘内即可。

小贴士

✪ 蒜苗不宜烹制得过烂，以免辣素被破坏，杀菌作用降低。

养生常识

★ 多吃韭黄可养肝，健脾开胃。

食物相宜

治夜盲、干眼、便秘

虾

＋

韭菜花

补神益气

虾

＋

黄瓜

滋补养身

虾

＋

胡萝卜

鲜虾烩冬蓉

6分钟　清热解毒
鲜　女性

鲜虾烩冬蓉选用夏季最具代表性的食材——冬瓜为主料，做法也非常特别。先将冬瓜煮熟，剁成绵绵的冬瓜蓉，再加入高汤和鲜虾仁熬制而成。这道汤羹既有瓜蓉的细腻爽滑，又有虾仁的鲜嫩香甜，口感清爽而鲜香，令人回味无穷。夏日食用，可清热消暑，利尿消肿。

材料

冬瓜	300克
虾仁	50克
鸡蛋	1个

调料

盐	2克
味精	1克
水淀粉	适量
料酒	5毫升
高汤	适量
鸡精	1克
胡椒粉	适量
芝麻油	适量
食用油	适量

食材处理

❶鸡蛋取蛋清备用。

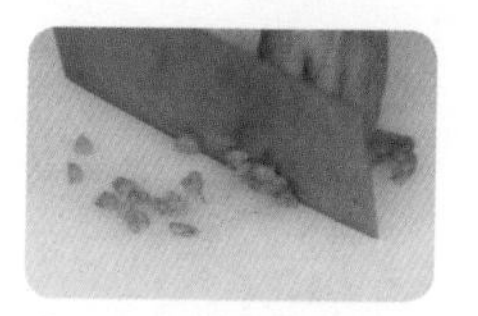

❷将洗好的虾仁切粒。

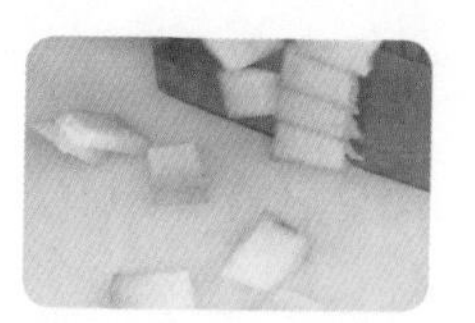

❸将去皮洗净的冬瓜切片备用。

❹将虾粒加盐、味精拌匀，加水淀粉腌渍片刻。

❺锅注水烧热，倒入冬瓜加盖煮 3 分钟至熟。

❻取出冬瓜。

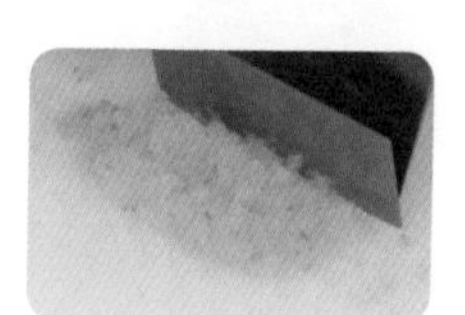

❼将煮熟的冬瓜剁成瓜蓉。

❽锅中加清水烧开，倒入虾粒。

❾汆至断生捞出。

做法演示

❶热锅注油，烧至四成热，将虾仁滑油至熟。

❷将滑过油的虾粒捞出。

❸锅留底油，加入料酒、高汤烧开，倒入冬瓜蓉拌匀。

❹加盐、鸡精、胡椒粉，倒入虾粒煮沸。

❺用水淀粉勾芡，加蛋清拌匀。

❻加芝麻油拌匀。盛入碗中即可。

食物相宜

降低血压

冬瓜

海带

降低血脂

冬瓜

+

芦笋

蒜蓉虾仁娃娃菜

2分钟　降压降糖
清淡　糖尿病患者

蒜蓉虾仁娃娃菜是一道营养丰富、味道鲜美的家常菜。娃娃菜富含多种矿物质和维生素，口感鲜甜脆嫩，配上富含钙质、香嫩可口的虾仁，可谓完美搭配。将成菜端上桌，清香、鲜香、蒜香扑鼻而来，让人忍不住先尝为快。多数人只要尝过一口，便会立刻爱上这鲜美清淡的口感。

材料

材料	用量
娃娃菜	450克
虾仁	150克
胡萝卜片	20克
蒜蓉	5克

调料

调料	用量
水淀粉	10毫升
盐	3克
鸡精	2克
白糖	2克
料酒	5毫升
葱姜酒汁	适量
蒜油	适量
食用油	适量

食材处理

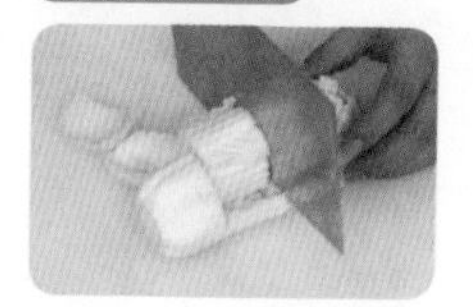

❶ 将洗净的娃娃菜切成段。

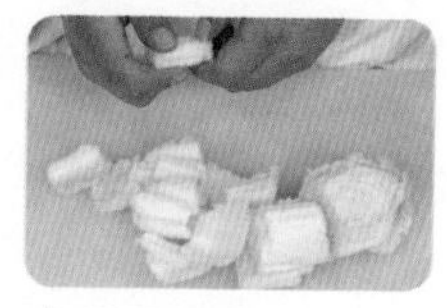

❷ 用手掰成片。

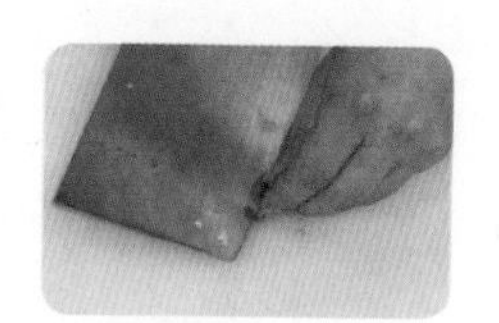

❸ 用刀将虾仁的背部划开。

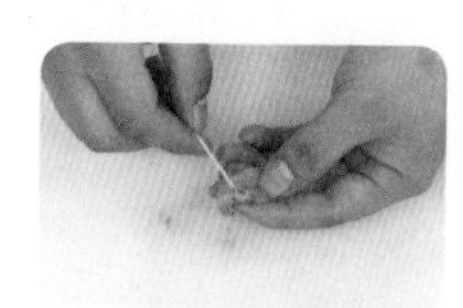

❹ 挑去虾线。

❺ 虾肉加葱姜酒汁、盐、水淀粉拌匀腌 6 分钟。

做法演示

❶ 锅中注油，倒入虾仁爆香。

❷ 放入蒜蓉炒匀。

❸ 倒入白菜梗、切好的胡萝卜片翻炒约 1 分钟。

❹ 放入白菜叶炒匀。

❺ 加入料酒、盐、鸡精、白糖炒 1 分钟至入味。

❻ 加入少许水淀粉勾芡。

❼ 出锅前淋入蒜油。

❽ 翻炒片刻至入味。

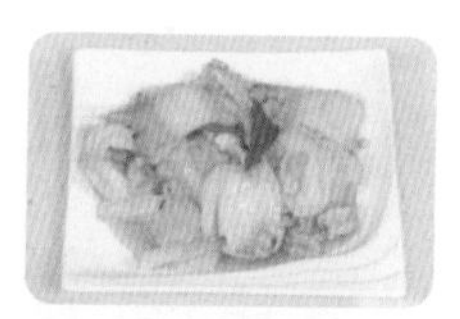

❾ 盛出装盘即成。

食物相宜

增强体质，促进食欲

虾

+

豆苗

补肾壮阳

虾

+

枸杞子

美容养颜

虾

+

冬瓜

蒜蓉粉丝蒸扇贝

7 分钟　增强免疫力
咸鲜　男性

扇贝营养丰富，与海参、鲍鱼并列为海味中的三大珍品，尤其那肥美甘甜的贝肉，有着无可取代的好滋味。这道菜扇贝鲜香肥美，粉丝在充分吸收扇贝的鲜、蒜蓉的香、生抽的咸后也变得异常美味。上桌之后，先把粉丝一口吃光，再细细品尝扇贝，鲜、香、甜、滑在舌尖缠绕，让人欲罢不能。

材料		调料	
扇贝	300 克	盐	2 克
水发粉丝	100 克	鸡精	1 克
蒜蓉	30 克	生抽	3 毫升
葱花	5 克	食用油	适量

食材处理

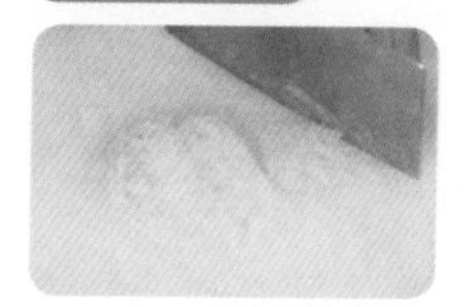

❶ 将粉丝洗净，切段。

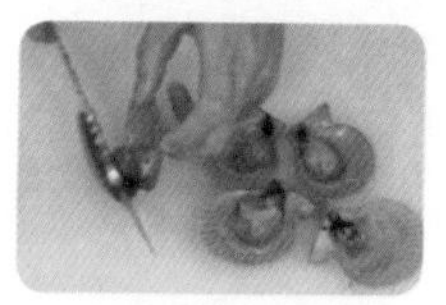

❷ 将扇贝洗净，对半切开。

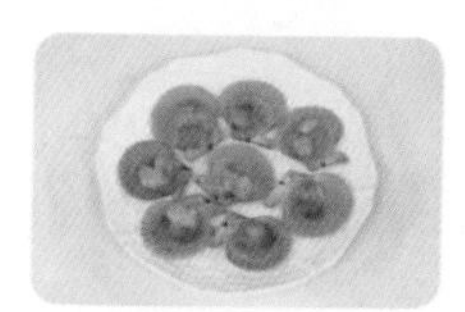

❸ 将切开的扇贝清洗干净，装盘备用。

做法演示

❶ 起油锅，倒入蒜蓉。

❷ 炸至金黄色后盛入碗中备用。

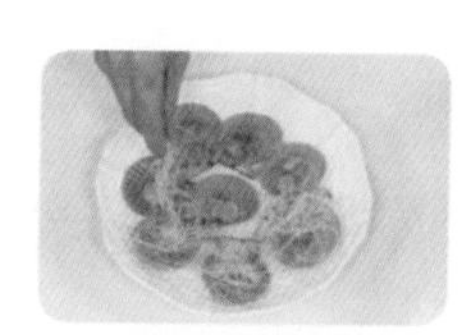

❸ 扇贝上撒粉丝。

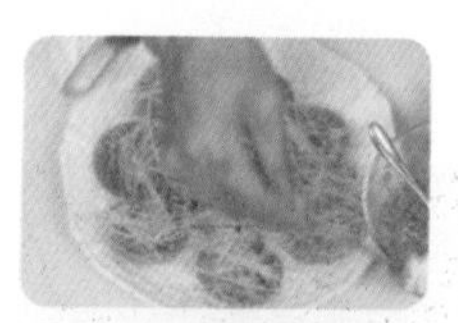

❹ 炸好的蒜蓉加入盐、鸡精，拌匀。

❺ 将调好味的蒜蓉浇在扇贝、粉丝上。

❻ 放入蒸锅。

❼ 盖上锅盖，中火蒸约 5 分钟至扇贝、粉丝熟透。

❽ 揭开锅盖，取出蒸好的粉丝扇贝。

❾ 撒入葱花。

❿ 淋入少许生抽。

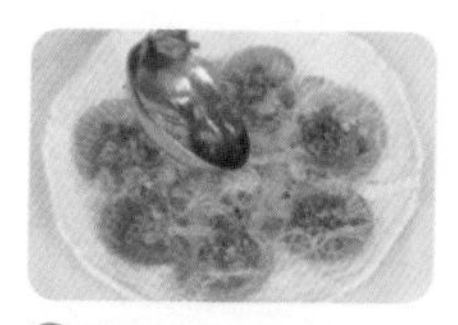

⓫ 浇上热油即成。

小贴士

- 鉴别扇贝是否新鲜很容易，如果两扇壳没有开口，则大多是活的。
- 一定要用刷子把扇贝的壳仔细刷干净，还要把壳边类似胡须的贝脚用手拔掉。

食物相宜

治疗中暑、血痢

扇贝

+

瘦肉

健脾益胃

扇贝

+

青豆

促进食欲

扇贝

+

辣椒

花蛤苦瓜汤

4 分钟　清热解毒
鲜　一般人群

花蛤鲜美肥嫩，苦瓜清新爽口，二者同煮汤，让花蛤的鲜美充分沁入苦瓜中，苦瓜的清新之味慢慢渗入花蛤，汤汁则融鲜美与清新为一体，清爽不腻。炎热的夏季没有胃口，大鱼大肉又过于油腻，不妨多喝喝花蛤苦瓜汤，清热祛暑、增进食欲，长期食用还可使皮肤细嫩柔滑。

材料

花蛤	600 克
苦瓜	250 克
姜片	5 克
葱白	5 克

调料

盐	3 克
味精	3 克
鸡精	3 克
胡椒粉	适量
淡奶	适量
食用油	适量

食材处理

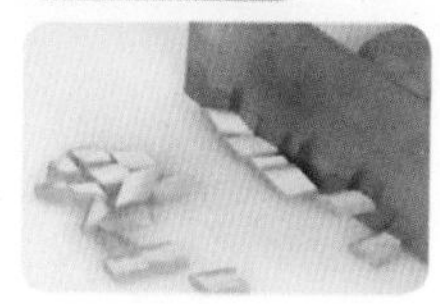

❶将洗净的苦瓜切开，去瓤、籽，切条，再切成丁。

❷锅中加清水烧开，倒入花蛤拌匀。

❸壳煮开后捞出。

❹放入清水中清洗干净。

❺将洗净的花蛤装入盘中。

做法演示

❶用油起锅，倒入姜片、葱白爆香。

❷倒入花蛤炒匀。

❸加入约 800 毫升清水。

❹加盖，煮约 1 分钟至沸腾。

❺揭盖，倒入苦瓜，煮约 1 分钟。

❻依次加入盐、味精、鸡精、胡椒粉，拌匀调味。

❼加入适量淡奶。

❽加盖煮片刻。

❾盛出装入盘中即可食用。

食物相宜

延缓衰老

苦瓜

茄子

增强免疫力

苦瓜

洋葱

促进铁元素的吸收

苦瓜

瘦肉

附录1

常见食材的选购技巧、厨房窍门

白菜

* 选购技巧

叶子带光泽,且颇具重量感的白菜才新鲜。切开的白菜，切口白嫩表示新鲜度良好。切开时间久的白菜，切口会呈茶色。

* 清洗窍门

淘米水呈碱性，对农药有解毒作用。可将白菜放在淘米水中泡 5 ~ 10 分钟，再用清水洗净。

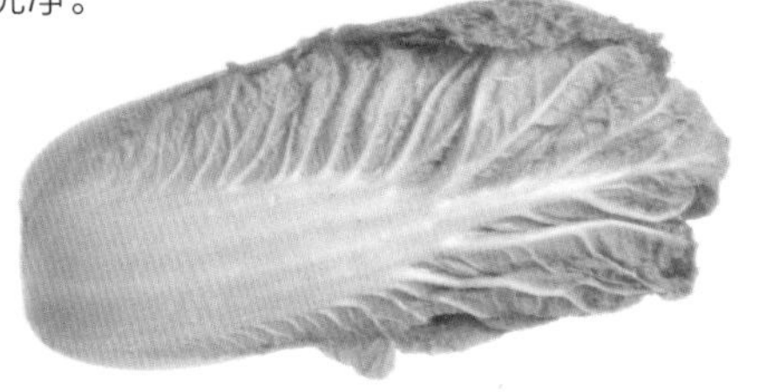

生菜

* 选购技巧

应挑选叶片肥厚、叶质鲜嫩、无蔫叶、无黄叶、无虫害、无病斑、大小适中者。

* 返鲜窍门

往水中倒入一些醋，将生菜浸泡于稀释的醋水里；醋的酸性环境可以抑制果胶物质的水解，使蔬菜形态饱满挺实，质地脆嫩。

油菜

* 选购技巧

购买时要挑选新鲜、油亮、无虫、无黄叶的嫩油菜，用两指轻轻一掐即断者为佳。

* 烹饪窍门

将青菜洗净切好后，撒上少量盐拌匀，稍腌几分钟，再沥干青菜水分即可下锅烹炒。这样炒出来的青菜脆嫩清鲜。

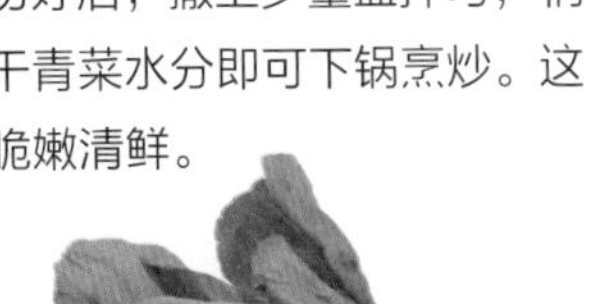

香菜

* 选购技巧

选购香菜时应挑选苗壮、叶肥、新鲜、长短适中、香气浓郁、无黄叶、无虫害的。

* 保鲜窍门

将新鲜、整齐的香菜捆好，用保鲜袋或保鲜膜将茎叶部分包严，将根部朝下竖放在清水盆中。

菜花

* 选购技巧

选购菜花时，应挑选花球雪白、坚实、花柱细、肉厚而脆嫩、无虫伤、无机械伤、不腐烂的。此外，可挑选花球附有两层不黄不烂青叶的菜花。

* 清洗窍门

准备一盆淡盐水，将菜花掰成小朵，放进淡盐水中浸泡 10 分钟左右。这样菜花里的小虫会被盐水浸泡出来，还可去除残余的农药。

西红柿

* 选购技巧

果蒂硬挺，且四周仍呈绿色的西红柿才是新鲜的。有些商店将西红柿装在不透明的容器中出售，在不能查看果蒂或色泽的情况下，最好不要选购。

* 贮存窍门

将表皮无损的五六成熟的西红柿装入塑料袋中；扎紧袋口，放置在阴凉通风处；每天打开袋口 5 分钟，擦去袋内壁上的水汽，再扎紧袋口。用此法可贮存 1 个月以上。

茄子

* 选购技巧

深黑紫色,具有光泽,且蒂头带有硬刺的茄子最新鲜，带褐色或有伤口的茄子不宜选购。若茄子的蒂头盖住了果实，则表示尚未成熟。

* 烹饪窍门

炒茄子时，滴几滴醋，茄子便不会变黑；炒茄子时，滴入几滴柠檬汁，可使茄子肉质变白。用以上两种方法炒出来的茄子既好看，又好吃。

莲藕

* 选购技巧

选购莲藕时，应选择那些藕节粗短肥大、无伤无烂、表面鲜嫩、藕身圆而笔直、用手轻敲声厚实、表皮呈茶色、没有伤痕的。

* 烹饪窍门

莲藕可熟吃，也可生吃，如果炖着吃，不仅有助于人体充分吸收其中营养，口感也特别好。但是，在烹饪莲藕时不能用铁锅铁器，否则整个莲藕的颜色会变黑变暗，炖莲藕应该选用铜锅或砂锅。

丝瓜

* 选购技巧

线丝瓜细而长，购买时应挑选瓜形挺直、大小适中、表面无皱、水嫩饱满、皮色翠绿、不蔫不伤者。胖丝瓜相对较短，两端大致粗细一致，购买时以皮色新鲜、大小适中、表面有细皱，并附有一层白色绒状物、无外伤者为佳。

* 烹饪窍门

刮去丝瓜外面的老皮，洗净；将丝瓜切成小块；烹调丝瓜时滴入少许白醋，这样就可保持丝瓜的青绿色泽和清新口味了。

苦瓜

* 选购技巧

购买苦瓜时，以果肉晶莹肥厚、瓜体嫩绿、皱纹深、掐上去有水分、末端有黄色者为佳。过分成熟的稍煮即烂，失去了苦瓜的风味，不宜选购。

* 烹饪窍门

将切好的苦瓜片撒上盐拌匀腌渍 10 分钟左右，适当按压；然后用自来水冲洗表面的盐和腌出来的汁，这样既能去除部分苦味，还能让苦瓜入味。

黄瓜

* 选购技巧

刚采收的小黄瓜表面上有小疙瘩突起，一摸有刺；瓜身颜色翠绿有光泽，再注意前端的茎部切口，嫩绿、颜色漂亮的才是新鲜的。

* 保鲜窍门

将黄瓜洗净后，浸泡于淡盐水中。这时，水中便会产生许多细小的气泡，这样可维持黄瓜的呼吸。与此同时，淡盐水还能防止黄瓜水分流失，保持黄瓜新鲜不腐烂。

山药

* 选购技巧

首先看表皮，光洁，没有异常斑点的，才是好山药；其次是辨外形，要选择那些直径在 3 厘米左右，长度适中，没有弯曲的山药；最后是看断层，断层雪白，带黏液而且黏液多的山药为佳品。

* 去皮窍门

山药洗净切段，放入沸水中浸泡 30 分钟，以破坏其过敏原，这样手再接触便不会产生过敏反应。再用菜刀将山药由上而下轻轻划一刀，就能轻松除去外皮。

南瓜

* 选购技巧

要挑选外形完整，并且最好是瓜梗蒂连着瓜身的新鲜南瓜。也可用手掐一下南瓜皮，如果表皮坚硬不留痕迹，说明南瓜老熟，这样的南瓜较甜。同等大小的情况下，分量较重的南瓜更好。

* 烹饪窍门

煮南瓜不要等水烧开了再放入，否则等内部煮熟了，外部早就煮烂了。煮南瓜的正确方法是：将南瓜放在冷水中煮，这样煮出来的南瓜才会内外皆熟。

竹笋

* 选购技巧

选购时首先要看色泽，具有光泽的为上品。竹笋买回来如果不马上吃，可在竹笋的切面上涂抹一些盐，放入冰箱冷藏室，这样就可以保证其鲜嫩度及口感。

* 烹饪窍门

烹饪竹笋时，可用开水煮，不仅容易熟，而且松脆可口。此外，在水中加几片薄荷叶或一点盐，竹笋煮后就不会缩小了。

白萝卜

* 选购技巧

白萝卜以皮细嫩光滑，比重大，用手指轻弹，声音沉重、结实者为佳，如声音混浊则多已糠心。同时以个体大小均匀、根形圆整、表皮光滑的白萝卜为优。

* 贮存窍门

将表皮较完好的萝卜晾至表皮略干，装进不透气的塑料袋里；扎紧袋口密封，置于阴凉处储存，2 个月后食用也不会糠心。

莴笋

* 选购技巧

好的莴笋茎干粗细均匀，表面纹理清晰；掐一下莴笋的茎杆，新鲜的莴笋水分充足，会有汁液流出；掂一掂，如果莴笋的分量较轻，有可能是空心的，选购时要谨慎。

* 烹饪窍门

焯莴笋时切忌时间过长、温度过高，这样不仅会影响莴笋的口感，还会破坏营养；在烹调莴笋时，要少放盐，盐量过多很容易消耗掉莴笋的水分，让它失去清脆的口感。

洋葱

＊选购技巧

选购洋葱时，其表皮越干越好，包卷度愈紧密愈好；最好可以看出透明表皮中带有茶色的纹理。橘黄色皮的洋葱每层比较厚，水分比较多，口感比较脆，味道较甜；紫色皮的水分少，每层比较薄，味道较辣。

＊处理窍门

切洋葱时，可先把洋葱切成两半，放入水中浸泡 5 分钟左右，再拿出来切，这样可降低洋葱的刺激性。

玉米

＊选购技巧

选购玉米时，应挑选苞大、籽粒饱满、排列紧密、软硬适中、老嫩适宜、质糯无虫者为佳。

＊烹饪窍门

煮玉米时，不要剥掉所有的皮，应留下一两层嫩皮，煮时火不要太大，要温水慢煮。如果是剥过皮的玉米，可将皮洗干净，垫在锅底，然后把玉米放在上面，加水同煮，这样煮出来的玉米鲜嫩味美，香甜可口。

银耳

＊选购技巧

银耳又称白木耳，是珍贵的胶质食用菌和药用菌。优质银耳干燥，色泽洁白，肉厚而朵整，圆形伞盖，直径 3 厘米以上，无蒂头，无杂质。

＊贮存窍门

银耳宜存储在通风、透气、干燥、凉爽处，避免长时间阳光照晒，并同气味较重的食品分开贮存。另外，银耳质地较脆，应尽量减少翻动，轻拿轻放。

黑木耳

＊选购技巧

优质的黑木耳干制前耳大肉厚，耳面乌黑光亮，耳背稍呈现灰暗色，长势坚挺有弹性。干制后，整耳收缩均匀，干薄完整，手感轻盈，拗折脆断，互不黏结。

＊清洗窍门

用温水浸泡黑木耳 10 分钟左右后，加入少许淀粉抓洗，因为淀粉可以很好地吸附黑木耳中的细沙；然后用清水将黑木耳洗干净即可。

草菇

＊ 选购技巧

草菇有灰褐色和白色两种类型，应选择表面没有发黄者；从形态上看，应选择新鲜幼嫩，螺旋形，硬质，菇体完整，不开伞，不松身，无霉烂，无破裂，无机械伤的草菇。

＊ 贮存窍门

鲜草菇长时间置于空气中容易被氧化，发生褐变。将鲜草菇根部的杂物除净，放入 1% 的盐水中浸泡 10 ~ 15 分钟；捞出沥干水分，装入塑料袋中，可保鲜 3 ~ 5 天。

香菇

＊ 选购技巧

选购香菇时以体圆齐整，菌伞肥厚，盖面平滑，质干不碎；手捏菌柄有坚硬感，放开后菌伞随即膨松如故；色泽黄褐，菌伞下面的褶裥要紧密细白，菌柄要短而粗壮，远闻有香气，无霉蛀和碎屑者为佳。

＊ 贮存窍门

香菇必须单独贮存，即装香菇的容器不得混装其他物品。另外，不得用有气味挥发的容器或吸附有异味的容器装香菇。

红薯

＊ 选购技巧

要优先挑选纺锤形状、表面看起来光滑、闻起来没有霉味的红薯。

＊ 烹饪窍门

将红薯放在淡碱水中浸泡 20 分钟，然后再煮熟或蒸熟，并达到熟透程度。

土豆

＊ 选购技巧

应选表皮光滑、个体大小一致、没有发芽的土豆为好，因为长芽的土豆含有毒物质龙葵素。

＊ 烹饪窍门

先将土豆去皮切成细丝，放在冷水中浸泡 1 小时；捞出土豆丝沥水，入锅爆炒，加适量调味料，起锅装盘。这样炒出来的土豆丝清脆爽口。

猪肉

＊选购技巧

新鲜猪肉的肌肉红色均匀，有光泽，脂肪洁白；外表微干或微湿润，不黏手；指压后凹陷立即恢复；具有鲜猪肉的正常气味。不新鲜猪肉的肌肉色稍暗，脂肪缺乏光泽；外表干燥或黏手，新切面湿润；指压后的凹陷恢复慢或不能完全恢复，有氨味或酸味。

＊烹饪窍门

❶ 做家常炖猪肉时，肉块要切得大些，以减少肉内鲜味物质的外逸。

❷ 不可用旺火猛煮，否则肉块不易煮烂，也会使香味减少。

❸ 炖煮时，少加水，可使汤汁滋味醇厚。

牛肉

＊选购技巧

新鲜牛肉呈均匀的红色且有光泽，脂肪为洁白或淡黄色，外表微干或有风干膜，用手触摸不黏手，富有弹性。

＊烹饪窍门

❶ 在牛肉上覆盖菠萝片或猕猴桃片，用保鲜膜包住 1 小时，牛肉就会变软。

❷ 烹煮前先用刀背拍打牛肉，破坏其纤维组织，这样可减轻韧度。

❸ 牛肉快炖好时，关掉火放置 15 分钟，这时温度还会继续上升，可让牛肉煮到刚好的熟度。碎牛肉最好炖到中熟或变色即可，炖、蒸牛肉时，煮至叉子能叉下去即可。

❹ 焖烧牛肉时，放几颗红枣，牛肉会熟烂得特别快。

❺ 在煎牛排或烤牛肉时，留下一层薄薄的脂肪，可防止肉汁的流失。煎牛肉前先用纸巾拍干牛肉，这样牛肉会更好煎。

鸡肉

✻ 选购技巧

挑选健康鸡的技巧：

健康的鸡，羽毛紧密而油润；眼睛有神、灵活，眼球充满整个眼窝；冠与肉髯颜色鲜红，冠挺直，肉髯柔软；两翅紧贴身体，毛有光泽；爪壮实有力，行动自如。病鸡则没有以上特征。鸡胸和嗉囊膨胀有气体或积食发硬、站立不稳的鸡都不可购买。

挑选嫩鸡的技巧：

识别鸡的老嫩主要看鸡脚，脚掌皮薄，无僵硬现象，脚尖磨损少，脚腕间的突出物短者为嫩鸡，反之则为老鸡。

挑选散养鸡的技巧：

人们煲鸡汤时爱用散养鸡（也称柴鸡、草鸡、土鸡，即农家饲养的鸡），识别散养鸡可以看脚，散养鸡的脚爪细而尖长，粗糙有力。圈养鸡脚短、爪粗、圆而肉厚。

辨别活宰和死宰的鸡：

如果购买已经宰杀好的鸡，要注意是否在鸡死后再宰杀。屠宰刀口不平整，放血良好的是活鸡屠宰；刀口平整，甚至无刀口，放血不好，有残血，血呈暗红色，则可认定是死后屠宰的鸡。

辨别注水鸡：

如果发现鸡的翅膀后面有红针点，周围呈黑色，那就肯定是注水鸡；用手掐鸡的皮层，明显感觉打滑，也一定是注过水的。

不同大小的鸡翅选哪一种：

大型鸡翅色泽带黄，外表肥厚，皮下脂肪含量高，适合喜欢吃油腻的人士；中小型鸡翅皮薄，有透明感，脂肪含量低，更适合喜欢清淡口味的人士，尤其是需要降血脂和减肥的人士。可以根据自己的口味喜好及需要自由选择。

如何挑选新鲜鸡肉：

新鲜鸡眼球饱满，肉皮有光泽，因品种不同可呈淡黄、淡红和灰白等颜色，具有新鲜鸡肉的正常气味，肉表面微干或微湿润，不黏手，指压后的凹陷能立即恢复。

如何挑选冻鸡肉：

优质冻鸡肉解冻后，眼球饱满或平坦；皮肤有光泽，因品种不同而呈黄、浅黄、淡红、灰白等颜色，肌肉切面有光泽；表面微湿润，不黏手；指压后的凹陷恢复慢，且不能完全恢复；具有正常气味。

✻ 烹饪窍门

❶ 老鸡宰杀前，先灌一汤匙醋然后再杀，用慢火炖煮，鸡肉可烂得快些。

❷ 在煮鸡的汤里，放入一小把黄豆、少许山楂，也可使鸡肉更快烂熟。

❸ 取猪胰一块，切碎后与老鸡同煮，这样容易使鸡肉煮得熟烂，而且汤鲜入味。

鸭肉

✻ 选购技巧

上好的鸭肉肌肉新鲜、脂肪有光泽。注过水的鸭，翅膀下一般有红针点或乌黑色，其皮层有打滑的现象，肉质也特别有弹性，用手轻轻拍一下，会发出“噗噗”的声音。识别方法：用手指在鸭腔内膜上轻轻抠几下，如果是注过水的鸭，就会从肉里流出水来。

✻ 烹饪窍门

如何使酱鸭颜色均匀：

一是先将鸭放入油锅炸一下，或是放在锅里煎一下，这样既可以熬出一些油脂，除去肥腻感，又因鸭皮遇到高温后不再光滑，就能轻易染上酱油颜色了；二是把鸭洗净后吊起风干，然后在鸭皮上涂上一层调稀的麦芽糖晾干，在酱制前，先以滚油在鸭身上浇淋一遍，使之颜色变成棕红，定色后再加调料制作。

板鸭的制作方法：

先用清水将鸭浸泡15个小时，捞出后往鸭肚里塞入酒、葱、茴香、生姜等，用空心麦秆管插入鸭的肛门，外露一截。将鸭放入砂锅，用大火烧透，再将鸭放入水温90℃左右的砂锅内，用小火焖煮半小时即可。

炖老鸭时，为了使老鸭熟烂得快，可以放入几只螺蛳一同入锅烹煮，这样各种陈年老鸭都可以炖得酥烂。

如何使老鸭肉变嫩：

先将老鸭用凉水和少许醋浸泡1小时以上，再用微火慢炖，这样炖出来的鸭肉就会变得香嫩可口了。此外，锅里加入一些黄豆同煮，不仅会让鸭肉变嫩，而且能使其熟得很快，营养价值也更高。如果放入几块生木瓜，木瓜中的木瓜醇素可分解鸭肉蛋白，使鸭肉变嫩，也能缩短炖煮的时间。

片鸭肉的技巧：

烤好的鸭子色呈枣红，鲜艳油亮，皮脆肉嫩，让人垂涎三尺。烤鸭加热后食用，要先用刀将鸭肉片下来，再蘸酱卷饼食用。片鸭肉时，需要锋利的小号叉刀一把，平案板一块。将加热好的整只烤鸭平放在板上，先割下鸭头，然后以左手轻握鸭脖的下弯部位，先一刀将前脯皮肉片下，改切成若干薄片。随后片右上脯和左上脯肉，片上四五刀。将鸭骨三叉掀开，用刀尖顺脯中线骨靠右边剔一刀，使其骨肉分离，便可以右倾沿上半脯顺序往下片，经过片腿、剔腿直至尾部。片左半侧时亦用同样的方法。

蛋类

* 选购技巧

尽量选择有 CAS 优质蛋品标识的蛋；蛋的形状越圆者，里面的蛋黄越大；蛋壳越粗糙的蛋越新鲜；将蛋放入 4%浓度的盐水中会立即沉底的则质量较优。

* 贮存窍门

❶ 如果买的是一般散装蛋，放冰箱之前一定要先彻底清洗、拭干。

❷ 一般新鲜的带壳蛋，夏天在冰箱储存可放 7 天左右，冬天则可放 1 个月左右。

❸ 蛋壳很怕潮湿，所以不能闷放在不透气的塑胶盒中，以免受潮发霉。

❹ 摆放蛋时，须将较圆的一头向上，较尖的一头向下。

❺ 蛋去壳之后，最好马上烹制食用，就算放冰箱，也不宜超过 4 小时。

豆类

* 选购诀窍

挑选豆类蔬菜时，若是含豆荚的，如荷兰豆、豌豆、蚕豆等，要选豆荚颜色翠绿或是未枯黄的，且有脆度的最好；而单买豆仁类时，则要选择形状完整、大小均匀且没有暗沉光泽的。

* 保鲜诀窍

豆荚类因为容易干枯，所以尽可能密封好放在冰箱冷藏，而豆仁放置在通风阴凉的地方保持干燥即可，也可放入冰箱内冷藏，但同样需保持干燥。

* 处理诀窍

大部分的豆类蔬菜生食会有毒，因此食用前需彻底煮至熟透，在烹煮过程中不能未完全熟透就起锅，若吃起来仍有生豆的青涩味道，就千万别吃。而大部分连同豆荚一起食用的豆类，记得先摘去蒂头及两侧茎丝，吃起来口感更好。

鱼

* 选购窍门

质量上乘的鲜鱼，眼睛光亮透明，眼球略凸，眼珠周围没有充血而发红；鱼鳞光亮、整洁、紧贴鱼身；鱼鳃紧闭，呈鲜红或紫红色，无异味；腹部发白，不膨胀，鱼体挺而不软，有弹性。若鱼眼混浊，眼球下陷或破裂，脱鳞鳃涨，肉体松软，污秽色暗，有异味的，则是不新鲜的鱼。

* 保鲜窍门

先去掉鱼内脏、鱼鳞，洗净沥干水分后，分成小段，用保鲜袋或塑料食品盒包装好，以防腥味扩散，然后视其需要保存的时间，分别置入冰箱的冷藏室或冷冻室；冻鱼经包装后，可直接放入冷冻室。放入冰箱贮藏的鱼，质量一定要好。已经冷冻过的鱼，解冻后就不宜再次放入冷冻室长期贮存。熟的鱼类食品与咸鱼必须用保鲜袋或塑料食品盒密封后，再放入冰箱内，咸鱼可贮于冷藏室内，不必冷冻。

* 加工窍门

烹饪鱼时，一定要彻底去除全部鳃片，避免成菜后鱼头有沙、难吃。鱼下巴到鱼肚连接处的鳞紧贴皮肉，鳞片碎小，不易被清除，却是导致成菜后有腥味的主要原因。尤其在加工淡水鱼和部分海鱼时，须特别注意削除颔鳞。

鲢鱼、鲫鱼、鲤鱼等塘鱼的腹腔内有一层黑膜，既不美观，又是腥味的主要根源，洗涤时一定要刮除干净。

鱼的腹内、脊椎骨下方隐藏有一条血筋，加工时要用尖刀将其挑破，冲洗干净。

鲤鱼等鱼的鱼身两侧各有一根细而长的酸筋，应在加工时剔除。宰杀去鳞后，从头到尾将鱼身抹平，就可看到在鱼身侧面有一条深色的线，酸筋就在这条线的下面。在鱼身最前面靠近鳃盖处割一刀，就可看到一条酸筋，一边用手捏住细筋往外轻拉，一边用刀背轻拍鱼身，直至将两面的酸筋全部都抽出。

鱼胆不但有苦味，而且有毒。宰鱼时如果碰破了苦胆，高温蒸煮也不能消除苦味和毒性。但是，用酒、小苏打或发酵粉却可以使胆汁溶解。因此，在沾了胆汁的鱼肉上擦上些酒、小苏打或发酵粉，再用冷水冲洗，苦味便可消除。

虾

✱ 选购技巧

新鲜的淡水虾色泽正常，体表有光泽，背面为黄色，体两侧和腹面为白色，一般雌虾为青白色，雄虾为淡黄色。通常雌虾大于雄虾。虾体完整，头尾紧密相连，虾壳与虾肉紧贴。用手触摸时，感觉硬实而有弹性。虾体变黄并失去光泽，或虾身节间出现黑腰，头与体、壳与肉连接松懈、分离、弹性较差的为次品。

✱ 烹饪窍门

炒虾仁，在洗涤虾仁时放进一些小苏打，使原本已嫩滑的虾仁再吸收一部分水，再通过上浆有效保持所吸收的水分不流失，所以虾仁就变得更滑嫩又富有弹性了。

螃蟹

✱ 选购窍门

优质的螃蟹蟹壳为青绿色、有光泽，连续吐泡有声音，翻扣在地上能很快翻转过来。蟹腿完整、坚实、肥壮，蟹螯灵活劲大，腹部灰白，脐部完整饱满，用手捏有充实感，分量较重。

✱ 清洗窍门

螃蟹的污物比较多，用一般方法不易彻底清除，因此清洗技巧很重要。先将螃蟹浸泡在淡盐水中，使其吐净污物。然后用手捏住其背壳，使其悬空接近盆边，双螯恰好能夹住盆边。用刷子刷净其全身，再捏住蟹壳，扳住双螯，将蟹脐翻开，由脐根部向脐尖处挤压脐盖中央的黑线，将粪便挤出，最后用清水冲净即可。

✱ 烹饪窍门

蒸煮螃蟹时，一定要凉水下锅，这样蟹腿才不易脱落。由于螃蟹是在淤泥中生长的，体内往往带有一些毒素，为防止这些致病微生物侵入人体，在食用螃蟹时一定要蒸熟煮透。一般来说，根据螃蟹大小，在水烧开后再蒸煮8 ~ 10分钟为宜，这样肉会熟透却不会过老。螃蟹彻底煮熟的标志是蟹黄呈红黄色。

另外，煮螃蟹时，宜加入一些紫苏叶、生姜，以减其寒性。煮螃蟹的时候，在汤里放上一点生姜或者大酱，就可以去除腥味。打开锅盖来煮，也可以减少腥味。

附录 2

粤菜干货涨发技法

菜肴的原料种类虽然繁多，但不外乎鲜货和干货两种。干货原料是一个大类，尤其是在名贵的山珍海味原料中，干货占了大部分。

在粤菜中不少名贵菜肴都以干货为主料。干货原料由鲜料脱水干制而成，具有干、硬、老、韧等特性，不可直接烹调食用，必须通过涨发使干货原料重新吸收水分，最大限度地恢复其柔软状态，并去除干货原料的杂质和异味，以保持原料的原有风味。

由于制成干货的鲜活原料质地各不相同，有植物、动物，有陆生、水生等。即使同一种原料，又因脱水干制方法不同，既有阳光晒的又有阴凉处风干的，既有用火烘干的又有用石灰、盐渍等制干的，形成了干货原料质地性能的复杂性。因此，干货的涨发的程序相当烦琐，必须掌握一些要领。

干货涨发要领

熟悉干货原料的特性和产地，以便选用合理的涨发方法：虽是同一种类的干货原料，产地不同，形态也有别，性能更是不尽相同。只有了解干货的产地，掌握各自的特性，有针对性地运用相应的涨发加工方法，才能达到事半功倍的效果，并提高涨发成功率。如涨发干鱿鱼，吊片鱿鱼身薄味香、质地柔软，这种鱿鱼只需用清水浸 2~3 小时便可，既保持了其香味，又达到了使其质地脆嫩的目的。但如果是质量较差的日本排鱿，其形大身厚、质地又韧又硬、灰味重，涨发时间不但要长（至少半天以上），还要加入小苏打等进行浸、漂，才能使其变得柔软、爽脆。

熟悉干货原料品质的新旧、老嫩和好坏，以便控制浸发时间和火候：同一产地的同一种干货原料，因有新旧、老嫩、好坏之分，在采用加工方法和涨发时间上有差别，应区别对待。首先要懂得鉴别，然后分别处理。如鲍鱼质量的差别就很大，涨发时间各有不同。又如海参，有的灰味、异味特别大，必须经反复地漂水、反复地换水涨发才可去除，甚至还需要辅助其他特殊方法；但有的海参灰味小（如辽参），换水涨发的次数就少，漂水时间也不需那么长。

干货原料在涨发时，逐步回软返嫩，因此在除污去杂时要小心谨慎，不要破坏原料的原来形体，不要把一些易碎易断的原料弄得支离破碎、凌乱不堪。在浸漂时，还必须注意容器的干净清洁，不能用沾有油腻、污垢的锅浸泡或漂洗，以免影响原料的质量。尤其是对一些名贵的干品，更需认真对待。

干货涨发方法

水发

水发是利用水的浸润能力，使已脱水的干料重新吸收水分而恢复软嫩状态。除了有黏性、油质及表面有皮鳞的原料外，无论油发或碱发，都需要与水发相结合，即先采用浸泡或浸漂的过程。因此它是最普遍、最基本的涨发方法。

冷水发

把干货原料放在冷水中，使其自然吸收水分尽量恢复到新鲜时的软嫩状态，这种涨发方法就叫冷水发。冷水发可分为漂和浸两种，但主要是“浸”，即把干料放进冷水中浸泡，使其吸收水分而涨大回软，恢复原形，或浸出其中异味。体小质嫩的干货，如冬菇、竹荪、黄花菜、木耳就采用冷水浸泡。至于体大质硬的干货在用碱水发和热水发前，亦用冷水浸泡相当时间，以提高涨发的效果。“漂”是一种辅助的涨发方法，往往用于整个涨发过程的最后阶段，就是将煮发、碱发、盐发过的带有腥气、碱味的原料放入冷水中，不断地用水漂，以清除其异味和杂质。如海参、鱼皮等在煮发之后，要用冷水漂去其碱分；肉皮、鱼肚在盐发或油发之后，要用冷水漂去其油分或盐分等。

热水发

把干货原料放在热水中用各种加热方法促使原料加速吸收水分，成为松软嫩滑的全熟品或半熟品。热水发一般可分为：

泡发：是将干料放入沸水或温水中浸泡，使其吸水涨大。这种方法用于体小质嫩的或略带异味的干料，如鱼干、银耳、粉条、脱水干菜等。

煮发： 是将干料放入水中煮，使其涨发回软。这种方法适用于体大质硬或带泥沙及腥臊气味较重的干料，如海参、鱼皮等。

焖发：是和煮发相结合的一个操作过程。经煮发又不宜久煮的干料，当煮到一定程度时，应改用微火或倒入盆内，或将煮锅离火，盖紧盆（锅）盖，进行焖发。如海参等都要又煮又焖，才能发透。

蒸发：是将干料放在容器内加水上笼蒸制，利用水蒸气传热，使其涨发，并能保持其原形、原汁和鲜味，也可加入调料或其他配料一起蒸制。如鲍鱼、干贝等都可采用蒸发。

要注意的是，在热水涨发之前，必须先用冷水浸泡和洗涤，以便热发时能缩短涨发时间，提高原料的质量。热水涨发对菜肴关系很大，如果原料涨发不透，制成的菜肴就僵硬而难以下咽。反之，如果涨发过度，制成的菜肴就过于软烂。所以，必须根据原料的品种、大小、老嫩等具体情况和烹调的实际需要，分别选用不同的热水涨发方法，并掌握好涨发时间和火候，以达到最佳热水涨发原料的效果。

碱发

碱发就是将干料先用冷水浸泡后，再放在碱水里浸泡，使其涨发回软的方法。碱发能使坚硬原料变得松软柔嫩，如鱿鱼、墨鱼等干货原料，用碱发最为适宜。采用这种方法，是利用碱所具有的腐蚀及脱脂性能，促使干料吸收水分，缩短涨发时间，但也会使原料的营养成分受到损失。因此除质地坚硬、不易发透的干料外，其他质地较软的干料，都不宜采用碱发。此外，使用碱溶液的浓度，也应根据干料的老嫩和气候的冷热，适当控制。如体大质硬的原料，浓度稍大，体小质软的原料，浓度宜小；热天涨发，浓度宜小，冷天涨发，浓度稍大。另外，涨发时间的长短也与碱溶液的浓度有密切的关系。碱溶液的浓度大，可缩短涨发时间，浓度小的涨发时间可适当延长。

采用碱水涨发的干料，应先将大块的原料分别切成小块经冷水浸泡，吸足水分回软后，再投入碱水中，以便涨发均匀和减低碱水对原料的腐蚀作用。要注意掌握涨发时间，先发透的先捞出，未发透的继续再发，以免有的涨发过度，有的又涨发不足。

油发

油发就是将干货原料放在油锅中炸发，经过加热，利用油的传热作用，使干料中所含的水分蒸发而变得膨涨而松脆。油发一般用于胶质、结缔组织较多的干料，如鱼肚、蹄筋、肉皮等干货原料。炸发前，先要检查原料是否干燥，如已受潮，应先烘干，否则不易发透。油发时，一般宜将干料放入冷油锅或温油锅中，慢慢加热。炸时火力不宜过旺，否则会使干料外焦而内不透。特别是在干料开始涨发时，应减低火力，或将锅端离火位片刻，使其里外发透。油发后因原料很干脆，必须先放在温水中浸泡一下，挤出油分，再用沸水淹没，使其回软，最后用清水漂洗，即可应用。如在夏季，还应每天汆水一次，然后放在加有少量食盐的沸水中，以免变质。

盐发

盐发就是将干料放在盐锅中，经过加热，炒焖，使之膨涨松脆的方法。盐发的作用与油发的作用相同，一般用油发的干料都可以用盐发，其质量较油发松软有力，并可节约用油，只是色泽不及油发的光洁美观。

盐发的方法是：先将粗盐下锅炒热，使盐中的水分蒸发，粒粒散开，再将干料放入翻炒，边炒边焖，勤翻多焖，直至涨发松脆为度。但翻炒时，火不宜过旺，特别在干料开始涨大的时候，应用微火处理，使其里外发透。涨发后应立即用热水泡发，再放入清水中漂洗，使其回软，并除去碱味。

常见干货原料的涨发技巧

海参

将海参表面清洗干净后，放入洁净无油的容器内，加适量纯净水浸泡 1 ~ 2 天，每 8 ~ 12 小时换水一次。沿着腹部的刀口将海参从头部至尾部剪开，剪掉头部的沙嘴并抠除海参牙，清除体内杂质，挑断海参内壁上附着的筋。最后将洗净的海参放入洁净无油的锅中，加适量纯净水，中火煮沸后转小火煮 40 ~ 60 分钟，熄火后不要揭盖，将海参留在锅里闷发至水自然冷却，捡出煮软的海参，将硬的或者仍有硬芯的海参留在锅中，换纯净水继续煮，直至全部煮软煮透。

干贝

将干贝用水淘洗干净，用冷水浸泡三四个小时，使其回软，并切掉干贝边上的柱筋。然后盛入碗内，加适量水，隔水蒸 3 小时，原汤保留备用。

海蜇

先用冷水浸泡海蜇 30 分钟，洗去沙子切丝，用开水烫一下，见海蜇收缩时立即取出，用凉水反复过凉，除净盐、矾，再用冷水泡到脆嫩即可。

鲍鱼

将干鲍鱼刷洗干净，放入温水中浸泡 24 小时，换水烧煮一小时，捞出放入配制好的碱液中，浸泡至完全回软，然后用清水反复漂洗干净。

鱿鱼

一般形体不大而仍有一定湿度的本地鱿鱼，浸冷水时间为 2 ~ 3 小时。形体大而又干硬的外海鱿鱼，浸泡时间要加倍，冬天气温低或急需用，也可用温水泡浸，但水温不宜太高，以免使鱿鱼鲜味损失。

海带

将干海带放入蒸笼蒸 30 分钟，去除后用碱面搓一遍，然后放入清水中浸泡 2 ~ 3 小时，泡到用手一掐即可掐断的程度。

蛏子

将蛏子用清水洗净，放入清水中浸泡回软，捞出；再放入用 20 克碱和 150 毫升清水兑制的溶液中浸泡 3 ~ 4 小时，全部涨发后，用清水反复漂洗，将碱质洗净即可。

黑木耳

将黑木耳放入可密封的保鲜盒中，加入适量温水浸没黑木耳，盖上保鲜盒盖。双手握住保鲜盒，上下、左右、正反高频率晃动 3 分钟即可。

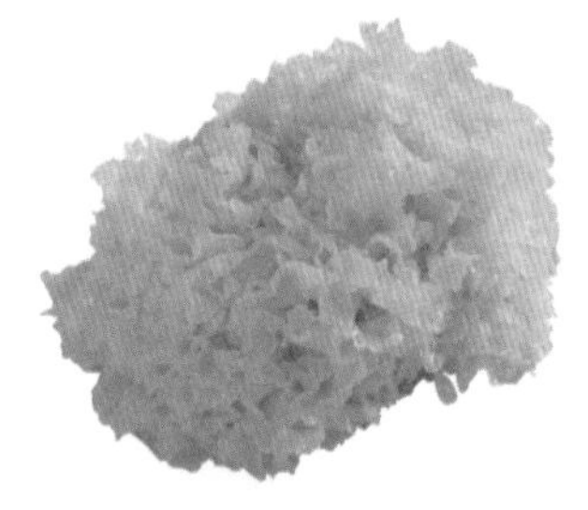

银耳

先用温水浸泡 1 小时左右，待其发透后，去除根蒂，洗净杂质，撕成小朵。然后用清水浸泡待用。

百合

将干百合放入冷水中浸泡片刻，取出后置于温水中慢慢泡发即可。或者将少许食用碱倒入清水中，搅拌至食用碱完全溶解后，放入干百合泡发即可。

黄花菜

将干黄花菜的硬蒂剪去后，用清水漂洗，去除其中的杂质；然后用清水浸泡约 30 分钟，洗净即可。

香菇

用清水冲洗干香菇，将其表面的杂质冲掉，再将干香菇放入温水中浸泡约 1 小时。然后将香菇的蒂部朝下在水中抖动，使其中的泥沙沉入碗底。最后再清洗一遍即可。

口蘑

将干口蘑放在冷水中浸泡 30 ~ 60 分钟，再用刷子刷去伞柄上的泥沙，用剪刀剪去柄根。然后用清水洗净，之后用温水浸泡回软即可。

茶树菇

用清水冲洗干茶树菇，以将其表面杂质冲掉，再将干茶树菇放入 60℃的水中浸泡 1 ~ 2 小时即可。

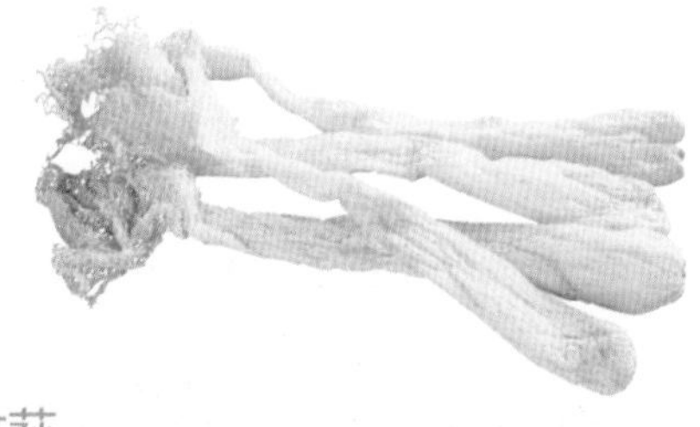

竹荪

将竹荪用淡盐水浸泡 20 分钟，中间换 2 ~ 3 次水，并将附着在竹荪上的泥土清洗干净。竹荪泡发后，要剪掉菌盖头和花朵部分，只保留茎部，否则竹荪菜品的味道会大打折扣。

冬笋

将干冬笋放入淘米水中浸泡约30分钟，去除杂质；向锅中倒进冷水，放入干冬笋，盖上锅盖浸焖煮沸，关火后将冬笋浸泡至水凉；剪去冬笋根部的硬梗，再次用冷水煮沸浸泡。

腐竹

将腐竹掰成5厘米长的段，用凉水浸泡4～6小时。用凉水泡的腐竹比较韧，有嚼劲，并且耐炒耐炖；用温水泡的腐竹，则比较容易泡烂。泡腐竹时，注意腐竹会浮起来导致吸水不均，可以用干净的盘子盖在上面，将其压住。

莲子

泡发莲子时，先用冷水浸泡一会儿，然后去掉莲子中的芯，因为莲芯苦涩，以免烹调时破坏成菜的风味。另外还需剥去莲子表面的薄膜，再用冷水适度浸泡，这样莲子才不会显得质地坚硬。

白果

先将白果放冷水锅中煮沸，然后离火，用刷子用力向锅中白果戳插，使其脱皮，同时要迅速将果仁取出，用水冲洗，以免染上红色，如还有残皮，可再加热戳插，反复进行，直到皮净为止。最后将果仁装入盛器，加水上屉蒸15～20分钟，取下搁置5～6小时即可。

附录3

选一口好锅，做一手好菜

锅是使用频率最高的厨具之一，要想做得一手好菜，一口好锅少不了。市面上的锅五花八门，如铁锅、不锈钢锅、铝锅、砂锅、陶瓷锅、不粘锅等，让人看得眼花缭乱。怎样才能买一口既能炒出色、香、味的好菜，又能让全家人吃得健康放心的好锅呢？

铁锅

优点： 铁锅是目前最安全的锅，散热慢，保温效果好。同时，铁锅可以使烹饪的食物更充分地吸收盐分。

缺点： 分量较重，易生锈，不易清洗，吃油重，油烟大。

使用提醒： 铁锅不宜煮汤，否则会使其表面的食油层消失，导致铁锅生锈。刷锅后要将水擦干，以防生锈。若铁锅生锈了，可用醋来清洗锈迹。

不锈钢锅

优点： 耐高温、耐腐蚀、不生锈、蓄热保温性好，并且美观耐用。

缺点： 分量较重，用油多时易粘锅、易冒烟，不易清洗。

使用提醒： 不锈钢锅不可以长时间盛盐、酱油、菜汤等，若长期接触酸、碱类物质，会发生化学反应。炒菜做饭时用火应适当，火源面积宜大不宜小。

铝锅

优点： 导热率较高，轻便，铝表面涂层性质稳定。用铝锅炒蔬菜，还可减少维生素 C 的流失。

缺点： 不宜用于高温煎炒菜，不宜烹调强酸强碱性的食物，不易清洗，用油多时易冒烟。

使用提醒： 铝锅不宜搭配金属铲炒菜，否则会发生化学作用，导致更多的铝离子进入食物当中。

不粘锅

优点： 易清洗，可轻松煎、炒食物而不粘底，能最大限度地减少用油，使厨房干净少油烟，它还可以帮助减少人体脂肪的摄入量。

缺点： 不宜高温煎炸。

使用提醒： 不粘锅不能干烧，不能使用铁质的锅铲，否则不粘膜碰破以后可能会释放出有害物质。另外用不粘锅炒菜一定要注意温度。

砂锅

优点：砂锅是煲汤和熬粥的最佳选择，其导热均匀，保温性好，水分蒸发量小。

缺点：孔隙和纹理较多，容易吸附各种食材的味道，从而导致菜肴串味。

使用提醒：砂锅的瓷釉中含有少量铅，因此新买的砂锅需先用食用醋兑水浸泡煮沸。另外，砂锅不宜盛酸性食物。

教你挑一口好锅

看外表：好的锅，用手触摸它的外表时，会觉得光滑而且有质感，如果手感发涩的就是打磨不够细致。然后看锅把手和锅身能不能达到浑然一体的效果，这是把手能承受多大重量的关键。现在，多数锅具已经采用点焊技术连接锅身与把手。好的点焊看不出任何痕迹，连接处呈圆润的流线形。锅体应该厚薄一致，这样菜肴才可以受热均匀。

看材质：好锅的锅底要厚，可以经受高温。现在流行的设计是用钢铝钢、钢铜钢这类三夹层的底，这样的锅导热快，用中小火就可以达到理想的烹饪效果，可以无水或者少加水、无油或者少加油烹饪。由于受热均匀，也就不易产生油烟。另外，锅身的所用材质最好结构紧密不吸油。

看密封性能：如果要实现无水烹调，锅的密封性很重要。只有锅盖与锅身边缘完全吻合，形成真空状态，加热时食物蒸发出来的水分才可以全部回到锅内，这样做出来的食物就能原汁原味。另外，密封性好可避免溢锅，也能保持锅里的温度均衡，形成循环系统，加热并煮熟食物，有效避免维生素、矿物质被氧化，做出的菜肴鲜嫩多汁。